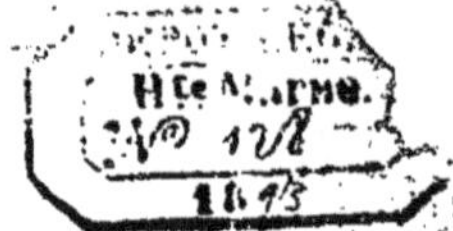

ENCYCLOPÉDIE
DES
TRAVAUX PUBLICS
Fondée par **M.-C. LECHALAS**, Insp' gén'l des Ponts et Chaussées.
Médaille d'or à l'Exposition universelle de 1889

THÉORIE ET PRATIQUE
DU
MOUVEMENT DES TERRES
D'APRÈS LE PROCÉDÉ BRUCKNER

PAR

ERNEST HENRY
INSPECTEUR GÉNÉRAL DES PONTS ET CHAUSSÉES

PARIS
LIBRAIRIE POLYTECHNIQUE
BAUDRY ET Cⁱᵉ, LIBRAIRES-ÉDITEURS
15, RUE DES SAINTS-PÈRES
MÊME MAISON A LIÉGE

THÉORIE ET PRATIQUE

DU

MOUVEMENT DES TERRES

D'APRÈS LE PROCÉDÉ BRUCKNER

ous les exemplaires de l'ouvrage de M. Ernest HENRY sur le
vement des Terres devront être revêtus de la signature de
teur.

ENCYCLOPÉDIE
DES
TRAVAUX PUBLICS

Fondée par **M.-C. LECHALAS**, Insp^r gén^{al} des Ponts et Chaussées.

Médaille d'or à l'Exposition universelle de 1889

THÉORIE ET PRATIQUE

DU

MOUVEMENT DES TERRES

D'APRÈS LE PROCÉDÉ BRUCKNER

PAR

ERNEST HENRY

INSPECTEUR GÉNÉRAL DES PONTS ET CHAUSSÉES

PARIS

LIBRAIRIE POLYTECHNIQUE
BAUDRY ET Cie, LIBRAIRES-ÉDITEURS

15, RUE DES SAINTS-PÈRES
MÊME MAISON A LIÉGE

1893

THÉORIE ET PRATIQUE

DU

MOUVEMENT DES TERRES

D'APRÈS LE PROCÉDÉ BRUCKNER

PRÉFACE

Le calcul du mouvement des terres, dont nous présentons la théorie et la pratique, a été imaginé par l'ingénieur bavarois Bruckner. Dès que nous en avons eu connaissance par le *Traité de statique graphique* de M. Culmann (1), nous nous sommes efforcé de le mettre à la portée de tous les agents qui, dans le service vicinal dont nous étions alors chargé, étaient appelés à préparer de nombreux projets de construction de chemins.

Les instructions que nous leur avons adressées à cette fin datent de 1884. Une expérience de plus de huit années a donc été faite sur la méthode dont il s'agit.

Cette expérience, à laquelle ont pris part des agents de valeur très inégale, a été tellement concluante qu'il nous a paru utile de publier les instructions que nous avions élaborées.

Nous avons cru toutefois devoir les compléter en ce qui

(1) *Traduction française* par MM. Glasser, Jacquier et Valat, tome 1er, pages 183 et suiv.

concerne la détermination de la ligne de répartition des terrassements. Cette question, qui est la seule sur laquelle puisse s'exercer la sagacité des auteurs des projets, a été l'objet de développements consignés aux annexes.

Notre but a été de contribuer à la vulgarisation d'un procédé (1), éminemment pratique, qui présente de très grands avantages non seulement pour les agents chargés de préparer les projets de terrassements, mais encore pour tous ceux qui, à divers degrés, sont appelés à vérifier ces projets.

(1) Des mémoires ont été publiés à ce sujet dans les *Annales des ponts et chaussées* par M. Paul Lévy (1883, 2e semestre, page 54) et par M. Strohl, ingénieur en chef des ponts et chaussées (1884, 1er semestre, page 156).

PREMIÈRE PARTIE

THÉORIE DU PROCÉDÉ BRUCKNER

CHAPITRE PREMIER

PROPRIÉTÉS DE LA COURBE DE BRUCKNER.

§ 1. — Construction de la courbe de Bruckner.

1. — On connaît le moyen de figurer les terrassements
d'un projet de route ou de chemin à l'aide d'un profil en
long dont les ordonnées représentent les *surfaces* de remblai des profils en travers, quand elles sont au-dessus de la
ligne des longueurs, et les *surfaces* de déblai des profils en
travers, quand elles sont au-dessous de cette ligne.

Si l'on suppose ces profils en travers suffisamment rapprochés, on obtient une courbe (fig. 1) partagée en segments par la ligne des longueurs ou ligne de terre *ot*.

Les surfaces des segments supérieurs représentent les
cubes des remblais, et celles des segments inférieurs les
cubes des déblais.

C'est, du moins, ce qui a lieu si l'on admet la méthode
expéditive de la moyenne des aires pour la cubature des
terrasses. D'après cette méthode, en effet, le cube compris
entre deux profils de même nature, tels que les profils *m*
et *n*, tous deux en remblai, est égal au produit de la demi-
somme des aires de ces profils par la longueur de l'entre-profil : or, ce produit se mesure par la surface du trapèze dont
les côtés parallèles sont les ordonnées *mm'* et *nn'*. Dans le
cas où un profil en déblai *p* succède à un profil en remblai
n, on sait qu'il y a lieu de déterminer préalablement un
point de passage divisant l'entre-profil *np* en deux parties
proportionnelles aux aires de remblais et de déblais : ce

point de passage n'est autre que le point de rencontre *a* de
la courbe avec la ligne de terre et les surfaces des triangles

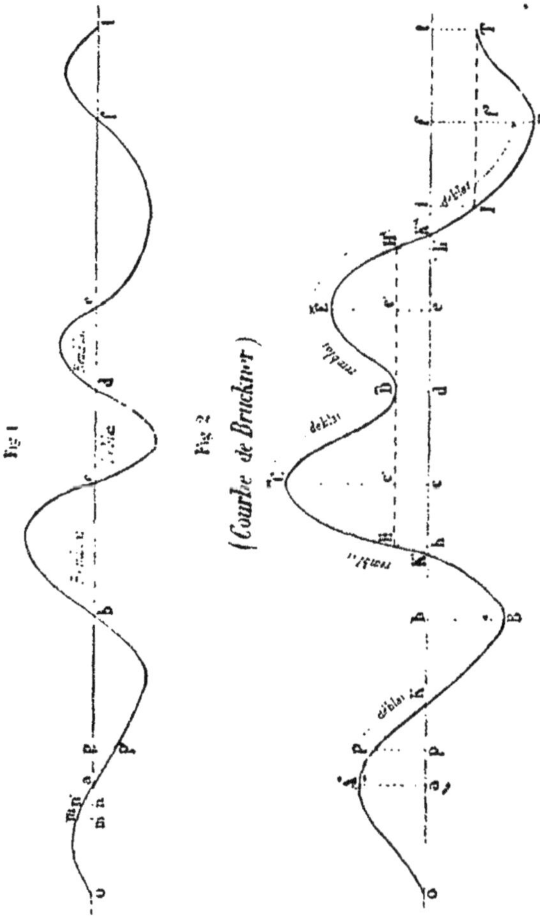

situés de part et d'autre de ce point *a* représentent les cubes
de remblais et de déblais compris entre les deux profils »

et p, puisque, d'après la méthode expéditive, on obtient ces cubes en multipliant chaque aire par la moitié de la longueur de chacun des entre-profils na et ap.

Le principe du procédé *Bruckner* consiste à construire une courbe dont les ordonnées représentent, non plus des surfaces, mais des *cubes*. Le cube porté à chaque profil est égal à la somme algébrique des remblais et des déblais depuis l'origine jusqu'à ce profil, les remblais étant considérés comme positifs et les déblais comme négatifs. On cumule, par conséquent, les cubes de terrassements en ajoutant les cubes des remblais et en retranchant les cubes des déblais. Quand le résultat est positif, on le porte au-dessus de la ligne de terre; dans le cas contraire, on le place au-dessous de cette ligne.

C'est ainsi qu'a été construite la courbe de la figure 2. L'ordonnée pP, par exemple, est égale à la somme des cubes des remblais, diminuée de la somme des cubes des déblais, depuis l'origine jusqu'au profil p. Ces sommes sont, d'ailleurs, représentées sur la figure 1, savoir : la somme des remblais par la surface du segment supérieur dont la corde est na, et la somme des déblais par la surface de la portion du segment inférieur qui se termine à l'ordonnée pp'.

Quand les remblais égalent les déblais, la courbe se termine à la ligne de terre.

Sinon, l'ordonnée de l'extrémité de la courbe représente l'excès des remblais sur les déblais, ou des déblais sur les remblais, suivant que cette ordonnée est positive ou négative.

La courbe dont il s'agit jouit de diverses propriétés dont on va faire connaître les principales.

§ 2. — **Propriété des portions de courbe descendantes ou ascendantes.**

2. — Si l'on compare la courbe de Bruckner avec celle de la figure 1, on voit qu'elle atteint un premier maximum en A, et que ce maximum correspond au point de passage *a*.

Il est aisé de s'expliquer ce résultat. Entre l'origine et le point *a*, il n'existe que des remblais, ainsi que le montre la figure 1 : les ordonnées de la courbe de Bruckner doivent donc aller en croissant. Et comme les déblais font leur apparition au point *a*, ils doivent être retranchés, à partir de ce point, de la somme des cubes obtenus par l'accumulation successive des remblais. C'est donc au point de passage *a* que les ordonnées de la courbe de Bruckner décroissent après avoir grandi graduellement : un maximum doit se produire en ce point.

Si l'on continue à suivre la courbe à partir de ce maximum A, on reconnaît que les ordonnées diminuent au fur et à mesure que des déblais sont défalqués. Elles deviennent même négatives, dès que la somme des déblais retranchés l'emporte sur le total des remblais précédemment obtenus. Les ordonnées négatives vont en croissant en valeur absolue, tant qu'il existe des déblais, c'est-à-dire jusqu'au point de passage *b*, indiqué sur la courbe de la figure 1 ; à partir de ce point, les remblais se révèlent et ils interviennent pour réduire, en valeur absolue, les ordonnées situées au-dessous de la ligne de terre *ot*. C'est ainsi que la courbe présente un minimum en B et que ce minimum correspond au point de passage *b*.

Il suit de là que les maximum de la courbe de Bruckner correspondent aux points de passage du remblai au déblai, et les minimum aux points de passage du déblai au remblai.

Par conséquent, la nature des profils est la même dans l'intervalle compris soit entre un maximum et un minimum, soit entre un minimum et un maximum consécutifs. Ce sont exclusivement des déblais entre A et B, C et D, E et F ; ce sont uniquement des remblais entre B et C, D et E. Les portions de courbe indiquent donc des déblais dans l'étendue comprise entre un maximum et un minimum consécutifs, c'est-à-dire quand elles sont descendantes ; elles indiquent des remblais dans l'intervalle compris entre un minimum et un maximum consécutifs, c'est-à-dire quand elles sont ascendantes.

§ 3. — Propriété des segments détachés par la ligne de terre ou par une parallèle à cette ligne.

3. — La ligne de terre *ot*, dans la courbe de Bruckner, détermine des segments supérieurs et inférieurs.

Si l'on considère l'un de ces segments, le premier, par exemple, qui est compris entre les profils *o* et K, on constate qu'il embrasse une section où il existe des remblais et des déblais, puisque la courbe limitant ce segment est en partie ascendante et en partie descendante. Il résulte de la construction même de la courbe que les cubes des remblais sont égaux aux cubes des déblais : du moment, en effet, que l'ordonnée est nulle au point K, c'est qu'on a soustrait autant de déblais qu'il y avait de remblais depuis l'origine. Ce volume de remblais, qui est égal à celui des déblais, est d'ailleurs représenté par l'ordonnée maximum A*a*.

Ainsi, la ligne de terre *ot* détache des segments dont les bases représentent des sections dans lesquelles les remblais et les déblais se compensent exactement. De plus, le cube de ces remblais ou de ces déblais se mesure par l'ordonnée maximum du segment.

Cette propriété n'est pas particulière à la ligne *ot*. Elle est commune à toutes les parallèles à cette ligne. C'est la conséquence de la manière dont la courbe de Bruckner a été tracée.

4. — La propriété qui vient d'être signalée peut être avantageusement utilisée pour le calcul du mouvement des terres.

Ce calcul comprend, en effet, deux opérations principales : l'une consiste à rechercher les cubes de déblais susceptibles d'être employés en remblais, et l'autre a pour objet de trouver la distance moyenne des transports occasionnés par l'emploi de ces terrassements.

Voici comment la courbe de Bruckner se prête à la première opération :

On vient de voir que dans la première section de cette courbe (figure 2), qui est limitée par les profils *o* et K, tous les déblais compris entre les profils *o* et K peuvent servir à former les remblais compris entre les profils *o* et *a*. Le cube des uns, qui est égal au cube des autres, est représenté par l'ordonnée A*a*. De même dans la 2ᵉ section située entre les profils K et K', où le cube des déblais B*b* peut servir à constituer un cube de remblais de même importance.

Dans la 3ᵉ section comprise entre les profils K' et K'', il y a encore compensation des déblais et des remblais, mais l'emploi des terrassements s'obtient à l'aide du tracé d'une ligne HH' menée par le minimum D parallèlement à la ligne de terre *ot*. Cette parallèle détermine deux segments, dont les cordes sont HD et DH' et qui jouissent de la même propriété que les segments détachés par la ligne de terre. Il en résulte que les déblais compris entre les profils c et d peuvent servir à former les remblais compris entre les profils h et c; leur cube est d'ailleurs représenté par la portion d'ordonnée Cc'. Pareillement pour les déblais et les remblais du second segment, dont le cube est égal à Ee'. Quant aux déblais situés entre les profils h' et K'', ils peuvent être employés à former les remblais situés entre les profils K' et h; leur cube est représenté soit par $H'h'$, soit par Hh.

Il pourrait se faire qu'entre les extrémités K' et K'' d'une section, la courbe présentât deux minimum et même un plus grand nombre. Dans ce cas, il suffirait de mener par chaque minimum une parallèle à la ligne de terre, ainsi qu'on l'a fait ci-dessus, et l'on déterminerait d'une manière analogue les emplacements et les quantités des déblais et des remblais qui se compensent.

La 4ᵉ et dernière section, dans la courbe donnée comme exemple, est limitée par les profils K'' et t. Comme l'extrémité T de la courbe n'aboutit point à la ligne de terre, il s'ensuit que dans cette section les déblais et les remblais ne se compensent pas. Si l'on mène par l'extrémité T la droite IT parallèle à la ligne de terre, on détache un segment où les déblais compris entre les profils i et f peuvent former les remblais compris entre les profils f et t, l'importance des uns et des autres étant mesurée par Ff'. Il reste, entre les profils K'' et i, des déblais sans emploi; leur cube est représenté par Ii ou Tt.

Si l'extrémité de la courbe s'était trouvée au-dessus de la ligne de terre, il y aurait eu, au contraire, excès de remblais et leur emplacement eût pu être déterminé de la même manière.

§ 4. — Propriété des aires des segments.

5. — On vient de voir comment s'opère la distribution des terrassements, lorsque la ligne de terre a été choisie comme ligne de répartition.

Mais il est manifeste que l'on obtiendrait une autre distribution, si l'on prenait comme ligne de répartition une parallèle à la ligne de terre.

Le problème de la répartition des terrasses ne peut donc pas être résolu à l'aide des seules propriétés de la courbe de Bruckner qui viennent d'être exposées.

Il s'agit de découvrir la ligne de répartition qui conduit au minimum de dépense pour les transports.

Ce résultat peut être obtenu en mettant à profit la propriété suivante dont jouissent les aires des segments.

6. — Si l'on envisage un segment quelconque (fig. 3), on peut remplacer la courbe sur laquelle on a raisonné jus-

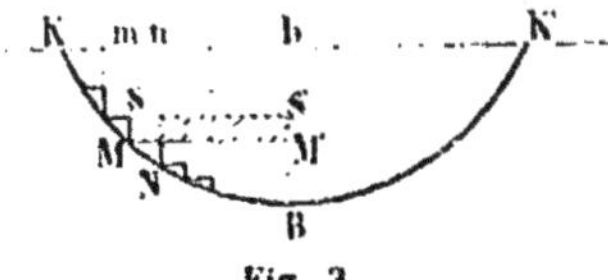

Fig. 3.

qu'à présent par une ligne polygonale dont les gradins correspondent à des profils suffisamment rapprochés. Dans la portion du segment où la ligne est descendante, c'est-à-dire entre les profils K et b, les ordonnées indiqueront l'accumulation successive des déblais et, par conséquent, la hauteur de chaque gradin représentera le cube de déblai afférent à chaque profil. Le total des hauteurs de tous ces gradins sera bien égal à l'ordonnée Bb qui figure le cube total des déblais.

Si l'on considère la quantité de déblai MS du profil *m*, on reconnaîtra que, pour pouvoir être employée en remblai, cette quantité devra d'abord être transportée jusqu'à la ligne de passage B*b* du déblai au remblai. On peut admettre que le transport s'effectuera parallèlement à la ligne de terre, de telle sorte que le parcours sera représenté par la longueur MM'. Si l'on appelle *moment de transport* le produit du cube de déblai par la distance à laquelle il est transporté, le moment de transport de la quantité MS sera figuré par la surface du rectangle hachuré MSM'S'.

Il suit de là que pour l'ensemble des déblais du segment considéré, c'est-à-dire pour le cube B*b*, le moment de transport jusqu'à la ligne de passage sera représenté par la surface du demi-segment K*b*B.

On reconnaîtrait d'une manière analogue que le moment de transport des déblais, depuis la ligne de passage jusqu'à la place qu'ils doivent occuper dans le remblai, est représenté par la surface du demi-segment K'*b*B.

Finalement, le moment de transport des déblais en remblais, dans l'étendue de la section KK', est mesuré par la surface totale du segment dont cette section forme la base.

5. — Cette propriété est importante, d'abord parce qu'elle fournit le moyen de découvrir la ligne de répartition la plus avantageuse, ensuite parce qu'elle permet de déterminer la distance moyenne des transports, ce qui constitue la seconde opération nécessitée par le mouvement des terres.

On indiquera plus loin comment ce dernier résultat peut être obtenu.

Il s'agit d'abord d'utiliser la propriété des aires des segments à la recherche de la ligne de répartition qui conduit à la moindre dépense de transport.

Si l'on admet que le prix de transport est proportionnel à la distance, la dépense est égale au produit du moment de transport par le prix de transport d'un mètre cube à l'unité de distance. Si l'on suppose, en outre, que ce dernier prix est le même pour tous les déblais, la dépense se trouve représentée par le moment de transport. Il en résulte, dès lors, que la ligne de répartition la plus avantageuse est celle qui occasionne le plus petit moment total de transport.

Or, le moment total de transport, abstraction faite des emprunts ou dépôts, est représenté lui-même par l'ensemble des surfaces des segments détachés par la ligne de répartition.

La ligne de répartition doit donc être tracée, dans les hypothèses qui viennent d'être faites, de manière à déterminer des segments dont la surface totale soit aussi petite que possible.

Le chapitre suivant fait connaître comment ce principe peut recevoir son application.

CHAPITRE II

DÉTERMINATION DE LA LIGNE DE RÉPARTITION
DES TERRASSEMENTS.

8. — A moins de circonstances exceptionnelles, il est nécessaire de tenir compte de la dépense des emprunts et des dépôts auxquels donne lieu la ligne de répartition.

Il est généralement avantageux de ne pas accroître la masse des terrassements, c'est-à-dire de ne pas créer d'emprunt ou de dépôt, quand il y a égalité entre les cubes totaux de déblais et de remblais, ou bien, dans le cas contraire, de ne pas augmenter le cube des emprunts ou des dépôts révélé par le métré des terrasses.

Aussi, on admettra, dans ce qui va suivre, que le cube des emprunts ou des dépôts ne doit pas être augmenté.

1ᵉʳ CAS. — *La courbe de Bruckner aboutit à la ligne de terre.*

9. — Cette courbe a, dès lors, ses deux extrémités au

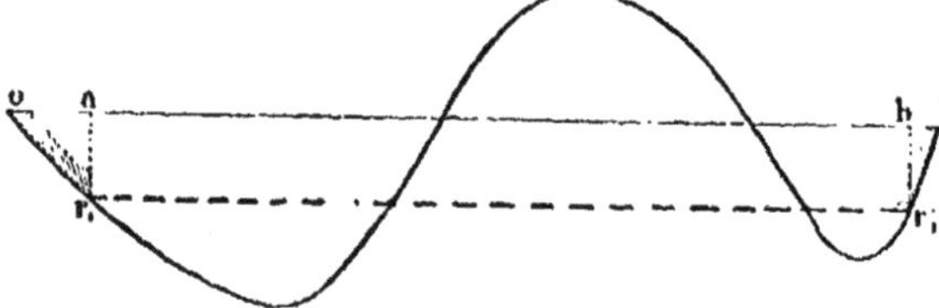

Fig. 4.

même niveau. Il y a égalité entre les déblais et les remblais. Par conséquent, ni dépôt, ni emprunt.

Dans ce cas, la ligne de répartition coïncide nécessairement avec la ligne de terre.

Si, en effet, on imaginait une autre ligne de répartition, telle que $r_1\, r'_1$, cette ligne ferait apparaître, entre les profils o et a, un déblai, mesuré par la hauteur r_1a, qui comporterait un dépôt et, entre les profils b et t, un remblai, mesuré par la hauteur égale r'_1b, qui exigerait un emprunt.

2ᵉ CAS. — *La courbe de Bruckner se termine soit au-dessus, soit au-dessous de la ligne de terre.*

10. — Cette courbe a, dès lors, ses deux extrémités à des niveaux différents. Il y a excès de remblais ou de déblais. Par conséquent, un emprunt ou un dépôt est indispensable.

On remarquera tout d'abord que la ligne de répartition ne peut être ni inférieure à la plus basse, ni supérieure à la plus haute des deux horizontales passant par les extrémités de la courbe.

Si on choisissait, par exemple, une ligne de répartition $r_1\, r_1'$, tracée au-dessous de la ligne de terre ot, c'est-à-dire

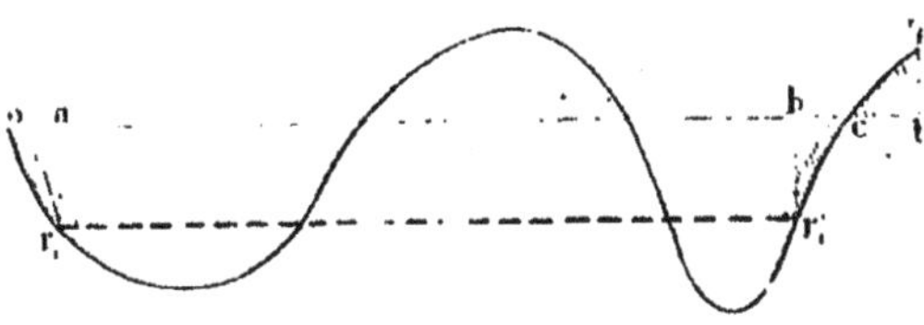

Fig. 5.

de la plus basse des deux horizontales passant par les extrémités de la courbe, on ferait surgir, entre les profils o et a, un dépôt mesuré par la hauteur r_1a, en même temps qu'on déterminerait, entre les profils b et c, un emprunt supplémentaire mesuré par la hauteur égale $r'_1 b$.

Pareillement, si l'on adoptait une ligne de répartition $r_1 r'_1$, située au-dessus de la ligne AT, c'est-à-dire de la plus

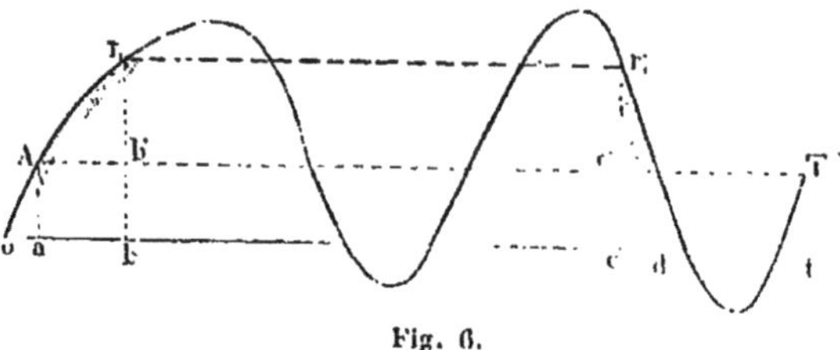

Fig. 6.

haute des deux horizontales passant par les extrémités de la courbe, cette droite $r_1 r'_1$ ferait naître, entre les profils c et d, un dépôt représenté par la hauteur $r'_1 c'$, en même temps qu'elle occasionnerait, entre les profils a et b, un emprunt supplémentaire représenté par la hauteur égale $r_1 b'$.

Dans l'un et l'autre de ces cas, il y aurait augmentation de la masse des terrassements.

11. — La ligne de répartition ne doit donc pas franchir les limites de la zone formée par les deux horizontales passant par les extrémités de la courbe.

La ligne de répartition peut, en conséquence, soit coïncider avec l'une ou l'autre de ces deux horizontales extrêmes, soit consister en une droite intermédiaire.

12. — Une autre remarque se déduit de la précédente.

Du moment que la ligne de répartition ne peut pas franchir les limites de la zone formée par les deux horizontales extrêmes, les segments qui aboutissent aux extrémités de la courbe et qui sont situés en dehors de ces horizontales extrêmes, ne peuvent être atteints lors des déplacements opérés en vue de la détermination de la ligne de répartition. Leur surface reste invariable.

Ces segments extrêmes doivent donc être laissés à l'écart dans la recherche de la ligne de répartition.

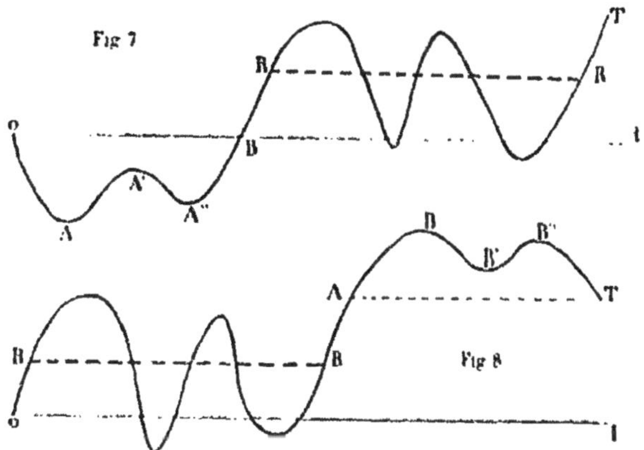

Tel est le cas du segment OAA'A"B dans la figure 7 et du segment ABB'B"T dans la figure 8. La recherche de la ligne de répartition est, en définitive, limitée à la courbe qui commence en B, dans la première de ces figures, et à la courbe qui finit en A, dans la seconde.

13. — On a vu, à la fin du chapitre 1er (n° 7), que la ligne de répartition doit être menée de manière à détacher des segments dont la surface totale soit aussi petite que possible.

Voici comment on peut arriver à ce résultat :

Soit une portion de courbe (fig. 9) traversée par une ligne de compensation quelconque xy. Il est aisé de reconnaître comment varie la surface totale des segments, lorsque l'on déplace cette ligne de compensation.

Si le déplacement s'opère vers le haut, la surface de tous les segments supérieurs diminue, et celle de tous les segments inférieurs augmente. La variation de surface subie par chaque segment peut être représentée par l'aire d'un rectangle ayant pour longueur la corde du segment et pour hauteur le déplacement h, en supposant que ce déplacement soit suffisamment petit. Il s'ensuit que la diminution totale est exprimée par l'aire

$$(s + s_1) h$$

et l'augmentation totale par l'aire

$$(i + i_1) h$$

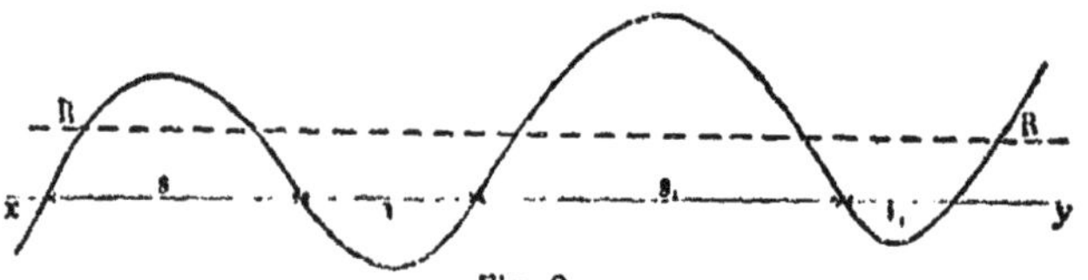

Fig. 9.

s, s_1 étant les cordes des segments supérieurs ; i, i_1 étant les cordes des segments inférieurs.

Si donc la somme des cordes des segments supérieurs est plus grande que la somme des cordes des segments inférieurs, ainsi que le suppose la figure 9, le résultat final se traduira par une diminution de l'ensemble des surfaces des segments.

Il y aura donc lieu, dans ce cas, de faire mouvoir la ligne vers le haut tant qu'il existera un écart entre la somme des cordes des deux catégories de segments.

On constate facilement que cet écart ira en décroissant au fur et à mesure que la ligne s'éloignera de sa position primitive $x\,y$. Enfin, quand la somme des cordes des segments supérieurs sera égale à la somme des cordes des segments inférieurs, la ligne occupera la position R R cherchée, c'est-à-dire celle qui détermine un minimum pour l'ensemble des surfaces de tous les segments. Si, en effet, on continuait à déplacer cette ligne, la somme des cordes des segments inférieurs l'emporterait sur celle des segments supérieurs et une augmentation finale de l'aire totale en découlerait (1).

La figure 10 indique le cas opposé à celui qui a été indi-

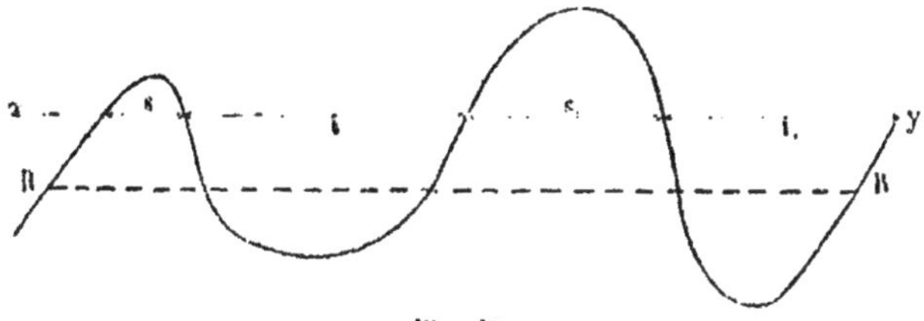

Fig. 10.

qué ci-dessus comme exemple. La ligne xy intercepte une somme de cordes plus grande pour les segments inférieurs. Il s'ensuit qu'il faut, dans ce cas, déplacer vers le bas la ligne de compensation. Les segments inférieurs vont en diminuant, tandis que les segments supérieurs augmentent, mais la diminution des premiers est plus grande que l'augmentation des seconds. C'est encore lorsque l'égalité se produit entre les sommes des cordes des deux catégories de segments que la ligne occupe la position dans laquelle l'aire totale des segments est minimum.

De là, la règle suivante :

L'horizontale de compensation qui détermine l'égalité entre les sommes des cordes des segments contraires est celle qui assigne la moindre surface aux segments traversés (2).

(1) On suppose que, dans ses déplacements, la ligne de compensation rencontre toujours les mêmes segments.

(2) Voir aux Annexes le cas où il est avantageux de rompre la ligne de répartition en la disposant en gradins horizontaux.

Cette horizontale constitue, dès lors, la ligne de répartition cherchée.

14. — La règle qui vient d'être énoncée n'est applicable qu'autant que le déplacement de la ligne de compensation peut s'effectuer, entre les deux horizontales passant par les extrémités de la courbe, jusqu'à la position qui réalise l'égalité entre les sommes des cordes des segments contraires.

Pour qu'il en soit ainsi, deux conditions sont nécessaires. S'il s'agit, par exemple, d'une courbe se terminant

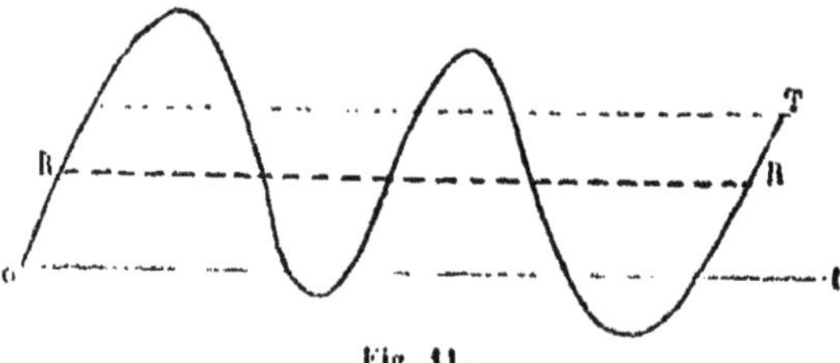

Fig. 11.

au-dessus de la ligne de terre, il faut : 1° qu'en faisant mouvoir la ligne de terre vers le haut, la diminution des segments supérieurs l'emporte sur l'augmentation des segments inférieurs et, par conséquent, que la somme des cordes des segments supérieurs sur la ligne de terre excède la somme des cordes des segments inférieurs ; 2° qu'en faisant mouvoir vers le bas la parallèle menée par l'extrémité libre de la courbe, la diminution des segments inférieurs l'emporte sur l'augmentation des segments supérieurs, et, par conséquent, que la somme des cordes des segments inférieurs, sur la parallèle supérieure, excède la somme des cordes des segments supérieurs.

D'une manière générale, les deux horizontales passant par les extrémités de la courbe doivent intercepter une somme de cordes plus grande dans les segments qui diminuent que dans les segments qui augmentent, lors du déplacement de chaque horizontale vers l'extrémité opposée de la courbe.

15. — Quand cette double condition n'est pas remplie, l'horizontale de compensation qui assigne la moindre surface aux segments traversés se confond avec l'une des deux parallèles passant par les extrémités de la courbe.

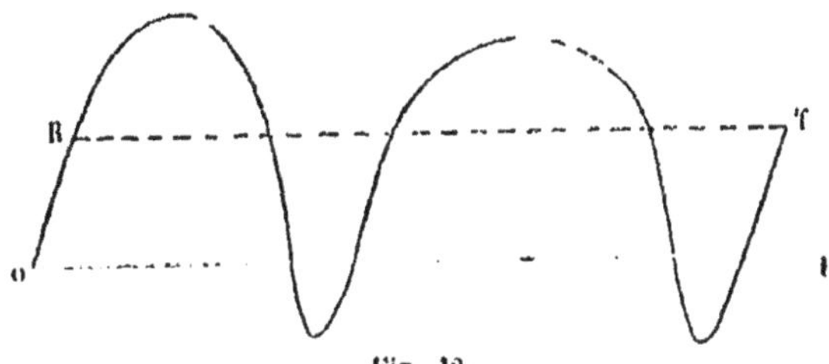

Fig. 12.

Elle coïncide avec la parallèle qui intercepte une somme de cordes plus grande dans les segments qui augmentent que dans les segments qui diminuent, lors d'un déplacement vers la parallèle opposée.

Dans l'exemple de la figure 12, l'horizontale de compensation doit être formée par la parallèle menée par l'extrémité T de la courbe. On reconnaît, en effet, que toute autre horizontale de compensation ne pourrait être obtenue qu'en déplaçant la ligne vers le bas, et ce déplacement donnerait lieu à un accroissement de la surface totale des segments traversés.

L'horizontale de compensation déterminée ainsi qu'il vient d'être dit constitue, dès lors, dans le cas dont il s'agit, la ligne de répartition cherchée.

CHAPITRE III

DÉTERMINATION DE LA DISTANCE MOYENNE DE TRANSPORT

16. — Lorsque la ligne de répartition est trouvée, il reste à dégager la distance moyenne des transports dans chaque section où les déblais compensent les remblais. L'emplacement de ces sections est, du reste, déterminé par les profils correspondant aux extrémités des cordes des segments.

La distance moyenne de transport se déduit de la valeur du moment de transport.

Cette distance doit, en effet, être telle que, multipliée par le cube des déblais, elle donne un résultat égal à la somme des produits des cubes partiels par les distances de transport correspondantes. Or, cette somme n'est autre que le moment de transport. Il suffit donc, pour obtenir la distance moyenne des transports, de diviser le moment par le cube des déblais, c'est-à-dire de diviser la surface du segment par l'ordonnée ou flèche de ce segment. Si donc l'on trace un rectangle équivalent au segment et ayant comme hauteur la flèche de ce dernier, la longueur de ce rectangle représentera la distance moyenne cherchée.

Cette solution suppose que le prix des transports est le même sur tous les points du projet. Il n'en est généralement pas ainsi, puisque les terrassements peuvent s'effectuer à la brouette, au tombereau, au wagon, et que chacun de ces modes de transport comporte un prix spécial.

Lorsque les deux premiers modes sont employés, voici

comment la distance moyenne, pour chacun d'eux, peut être obtenue :

On inscrit dans le segment *a*B*c* (fig. 13) une ligne *mn* parallèle à la corde *a c* et dont la longueur représente le parcours maximum admis pour le transport à la brouette ; on détache ainsi un petit segment *m* B *n* pour lequel tous les déblais doivent être transportés à la brouette. On trace le rectangle *defg* équivalent à ce petit segment. La lon-

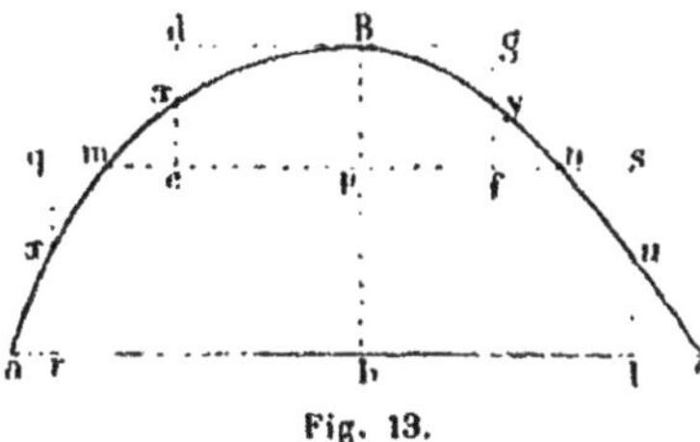

Fig. 13.

gueur *ef* de ce rectangle mesure la distance moyenne du transport à la brouette, pour un cube de déblais égal à B *p*.

Quant au tronçon de segment *amnc*, il ne comporte que des transports au tombereau. Si l'on trace le rectangle équivalent *qrts*, la distance moyenne de transport est mesurée par la longueur *rt*, pour un cube de déblais égal à *pb*.

On procéderait de la même manière, si le transport au wagon était prévu au lieu du transport au tombereau.

DEUXIÈME PARTIE

PRATIQUE DU PROCÉDÉ BRUCKNER

CHAPITRE PREMIER

RÉDACTION DE LA PREMIÈRE PARTIE DU TABLEAU DU MOUVEMENT DES TERRES.

17. — La formule dont il convient de faire usage pour la première partie de ce tableau peut être disposée avec l'entête que voici :

N⁰ˢ des PROFILS	CUBE des déblais pour chaque PROFIL	CUBE des remblais pour chaque PROFIL	CUBES à employer dans le même PROFIL	EXCÈS DES CUBES		CUBES CUMULÉS	
				de DÉBLAIS	de REMBLAIS	Ordonnées POSITIVES	Ordonnées NÉGATIVES
1	2	3	4	5	6	7	8

Col. 1, 2 et 3. — On reproduit les chiffres fournis par le tableau du métré des terrassements.

Col. 4. — On porte dans cette colonne le plus petit des deux cubes de déblais ou de remblais, qui figurent aux colonnes 2 ou 3.

Cette colonne ne renferme, dès lors, aucun chiffre quand le profil est entièrement soit en déblai, soit en remblai.

La colonne 4 indique les cubes à employer transversalement dans la longueur répondant à chaque profil et, par conséquent, les cubes à employer au jet de pelle.

Col. 5. — Quand le profil comporte plus de déblais que

de remblais, on inscrit dans cette colonne la différence entre le cube des déblais et celui des remblais.

Col. 6. — Quand le profil comporte, au contraire, plus de remblais que de déblais, la différence des cubes est mentionnée dans cette colonne.

Col. 7 et 8. — On porte, en regard de chaque profil, dans l'une ou l'autre de ces colonnes, le cube égal à la somme algébrique des remblais et des déblais depuis l'origine jusqu'à ce profil, les remblais étant considérés comme positifs et les déblais comme négatifs. Quand la somme algébrique est positive, on l'inscrit dans la colonne 7 ; quand elle est négative, dans la colonne 8.

Par conséquent, pour passer d'un profil au suivant, il suffit d'ajouter le cube de la colonne 6, ou de retrancher le cube de la colonne 5, suivant que le nouveau profil correspond à un excès de remblais ou à un excès de déblais, étant entendu que le cube cumulé au profil précédent est positif, s'il figure à la colonne 7, et négatif, s'il figure à la colonne 8. Le résultat de cette addition ou de cette soustraction est, en raison de son signe, porté dans la colonne 7 ou dans la colonne 8.

Totaux et vérifications. — On effectue les totaux des colonnes 2 à 6.

A l'égard de ces totaux, on doit vérifier :

1° Que la différence entre les colonnes 2 et 3 est égale à la différence entre les colonnes 5 et 6 ;

2° Que la colonne 5 est égale à la différence entre les colonnes 2 et 4 ;

3° Que la colonne 6 est égale à la différence entre les colonnes 3 et 4 ;

4° Que le cube cumulé afférent au dernier profil est égal

à la différence entre les cubes, soit des colonnes 2 et 3, soit des colonnes 5 et 6.

Le cube dont il s'agit doit d'ailleurs se trouver dans la colonne 7 ou dans la colonne 8, suivant que le cube des remblais est supérieur ou inférieur à celui des déblais.

CHAPITRE II

18. — On trace une ligne des abcisses, qui constitue ce qu'on appelle la *ligne de terre*, sur une feuille de papier, de préférence quadrillé. On marque sur cette ligne l'emplacement et le numéro des profils.

On détermine les différents points de la courbe ou plutôt de la ligne polygonale de Bruckner, en portant, au droit de chaque profil, le cube cumulé qui lui correspond. Ce cube est porté au-dessus de la ligne de terre, quand il est pris dans la colonne 7 ; au-dessous, quand il provient de la colonne 8. Il est inutile de tracer à l'encre les ordonnées.

En joignant leurs extrémités, on obtient le polygone de Bruckner.

Il convient d'inscrire en noir la valeur de chaque ordonnée, tirée de la colonne 7 ou 8, près de l'extrémité de cette ordonnée.

CHAPITRE III

DÉTERMINATION DE LA LIGNE DE RÉPARTITION
DES TERRASSEMENTS (1).

19. — Lorsque le polygone de Bruckner aboutit à la ligne de terre, la ligne de répartition coïncide avec cette ligne de terre.

20. — Lorsque le polygone de Bruckner se termine, soit au-dessus, soit au-dessous de la ligne de terre, on mène une parallèle à la ligne de terre passant par l'extrémité libre du polygone et on laisse à l'écart, dans la détermination de la ligne de répartition, les segments qui aboutissent aux deux extrémités du polygone et qui sont situés en dehors des deux parallèles passant par ces extrémités.

La ligne de répartition occupe l'une des trois positions ci-après (2) :

Ou bien elle coïncide avec la ligne de terre ;

Ou bien elle se confond avec la parallèle passant par l'extrémité libre du polygone ;

Ou bien elle consiste en une parallèle intermédiaire entre ces deux lignes.

Elle coïncide avec l'une ou l'autre des parallèles extrê-

---

(1) On suppose que le cube des emprunts ou des dépôts ne doit pas être augmenté.

Voir l'annexe B dans le cas où les lieux d'emprunt ou de dépôt doivent occuper un emplacement déterminé.

(2) Voir l'annexe A dans le cas où il est possible de rompre la ligne de répartition en la disposant en gradins horizontaux.

mes, quand elle intercepte une somme de cordes plus grande dans les segments qui augmentent que dans les segments qui diminuent, lors d'un déplacement vers l'extrémité opposée du polygone.

Quand, au contraire, chacune des parallèles intercepte une somme de cordes plus grande dans les segments qui diminuent que dans les segments qui augmentent, la ligne de répartition est comprise entre les parallèles extrêmes et elle occupe une position telle qu'il y ait égalité entre les sommes des cordes des segments contraires.

Il suit de là que, pour découvrir la ligne de répartition, on peut procéder ainsi qu'il suit :

On examine si la ligne de terre intercepte une somme de cordes plus grande dans les segments qui augmentent que dans les segments qui diminuent, lors d'un déplacement vers l'extrémité libre du polygone.

S'il en est ainsi, la ligne de répartition coïncide avec la ligne de terre.

Dans le cas contraire, on fait mouvoir la ligne de terre jusqu'à ce qu'elle détermine l'égalité entre les sommes des cordes des segments contraires. Sa position est alors celle de la ligne de répartition.

Si cette condition d'égalité ne se réalise pas avant que la ligne de terre atteigne l'extrémité libre du polygone, la parallèle passant par cette extrémité constitue la ligne de répartition.

CHAPITRE IV

DÉTERMINATION DES CUBES DE DÉBLAIS A EMPLOYER EN REMBLAIS ET DE LEUR DISTANCE DE TRANSPORT.

21. — Lorsque la ligne de répartition a été déterminée et tracée en rouge, si elle n'emprunte pas la ligne de terre, on examine la forme que revêtent les divers segments interceptés par cette ligne de répartition.

Pour les segments qui n'offrent qu'un maximum, comme le segment oAK de la figure 2, il n'y a aucune opération complémentaire à effectuer : le cube des déblais à employer en remblais est représenté par l'ordonnée maximum a A et la valeur de ce cube est inscrite à côté de l'extrémité A de cette ordonnée.

Mais quand le segment présente deux maximum, comme le segment K'CDEK" de la figure 2, on mène une parallèle à la ligne de terre par le minimum D, et l'on détache ainsi deux segments HCD et DEH', ainsi qu'un tronçon de segment K'HH'K".

S'il y a plus de deux maximum, on opère d'une manière analogue en menant des parallèles par les divers minimum.

Enfin, quand l'extrémité du polygone n'aboutit pas sur la ligne de terre, comme dans la figure 2, le dernier segment se trouve fermé à l'aide d'une parallèle à la ligne de terre menée par cette extrémité.

En résumé, on trace des parallèles à la ligne de terre par les minimum, de manière à décomposer les surfaces soit en segments à un seul maximum, soit en tronçons de segments à bases parallèles à la ligne de terre.

On passe ensuite à la détermination des segments ou portions de segments qui peuvent donner lieu à l'emploi de la brouette pour les transports. Ce sont :

1° Les segments dont la corde est inférieure à 90 m., par exemple, si l'on adopte cette longueur pour le maximum de distance du transport à la brouette ;

2° Les segments où l'on peut inscrire, parallèlement à la ligne de terre, une corde de 90 m. de longueur. On divise ainsi ces segments en deux portions qui s'appliquent aux deux modes ordinairement usités pour les transports.

La figure 14 fournit un exemple à ce sujet. La ligne *m n*,

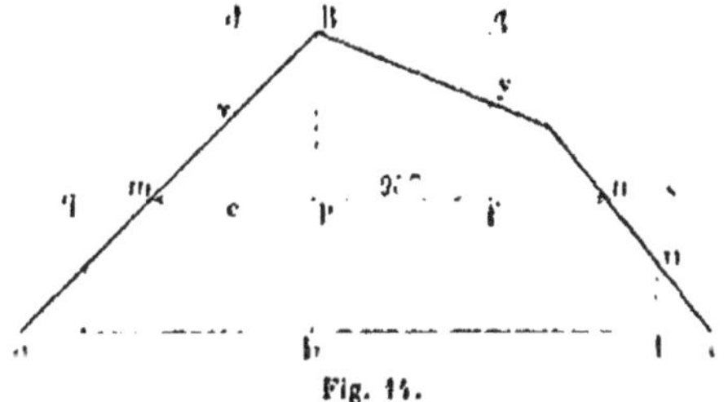

Fig. 14.

qui est égale à 90 m., détache une portion de segment *mBn* pour terrassements à la brouette et un tronçon de segment *amne* pour terrassements soit au tombereau, soit au wagon.

22. — Il reste à tracer les rectangles équivalents aux segments et tronçons de segments ainsi obtenus.

Ces rectangles doivent avoir pour hauteur celle des segments ou des tronçons de segments.

La figure 14 montre en pointillé les rectangles équivalents au segment et au tronçon de segment détachés par la ligne *mn*.

Pour arriver à réaliser plus facilement cette transfor-

mation en rectangles, on opère séparément sur les portions
de segments ou de tronçons de segment situées de chaque
côté de l'ordonnée maximum B*b*. On trace le rectangle
*dep*B équivalent à la portion *m*B*p* et le rectangle B*pfg*
équivalent à la portion B*pn*. On obtient ce résultat en cher-
chant la position du côté inconnu, de telle sorte que les
deux surfaces *m*æ*e* et *d*æB, opposées par le sommet,
soient sensiblement équivalentes. De même pour le côté *yf*.

Cette équivalence n'a besoin que d'être approchée. Il
suffit qu'elle se contrôle à vue de l'épure (1).

Les rectangles sont figurés en rouge.

On complète l'épure en cotant en rouge les longueurs des
rectangles, qui sont exprimées en mètres linéaires, et les
hauteurs de ces rectangles qui sont exprimées en mètres
cubes.

Dans le cas où le projet comporte des emprunts ou des
dépôts, il convient d'accuser sur l'épure les portions de ligne polygonale qui leur correspondent. On peut le faire à

(1) Rien n'oblige assurément à transformer en un rectangle unique le
segment ou la portion de segment qui représente le moment de transport à la brouette, au tombereau ou au wagon.

Si le tracé d'un rectangle unique comporte quelque incertitude par
suite de la forme accidentée des côtés du segment ou de la portion de
segment, on peut adopter une transformation en deux ou trois rectangles.

La figure 15 indique une portion de segment ABCDE qui se transforme

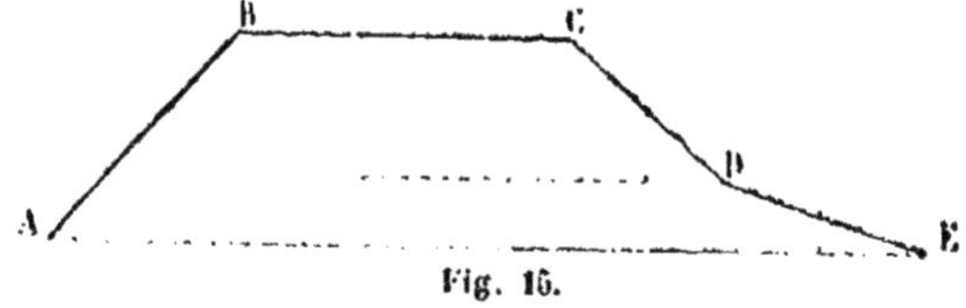

Fig. 15.

rapidement en deux rectangles, alors que le tracé d'un seul rectangle
donnerait lieu à des tâtonnements.

3

l'aide d'un liseré hachuré en rouge. On cote, en outre, la hauteur des portions ainsi représentées, c'est-à-dire les cubes des emprunts ou des dépôts.

Enfin on vérifie, au moyen des cotes noires des ordonnées, toutes les cotes rouges des hauteurs.

CHAPITRE V

RÉDACTION DE LA DEUXIÈME PARTIE DU TABLEAU
DU MOUVEMENT DES TERRES.

23. — Les résultats de l'épure permettent de compléter le tableau du mouvement des terres.

La deuxième partie de ce tableau peut présenter le dispositif ci-après :

INDICATION DES SECTIONS	CUBES	DISTANCES MOYENNES	PRODUITS
0	10	11	12
§ 1. — Transport à la brouette.			

Col. 9. — Les sections sont définies par les numéros des profils en travers entre lesquels est comprise la corde de chaque segment ou de chaque portion de segment.

Quand le projet donne lieu à des emprunts ou à des dépôts, leur emplacement, révélé par l'épure, est également défini par les numéros des profils en travers entre lesquels il est situé.

Col. 10. — On porte, en regard de chaque section, le cube par lequel se mesure la hauteur de chaque rectangle.

Dans le cas d'emprunts ou de dépôts, on inscrit le cube mentionné sur l'épure.

Col. 11. — On porte, en regard de chaque section, la longueur du rectangle correspondant.

En ce qui a trait aux emprunts ou aux dépôts, on inscrit la distance moyenne qui résulte des circonstances spéciales dans lesquelles ils doivent s'effectuer.

Col. 12. — Cette colonne renferme le produit des chiffres des colonnes 10 et 11.

Cette deuxième partie du tableau du mouvement des terres comporte autant de paragraphes qu'on a prévu de modes de transport.

On termine chacun de ces paragraphes en faisant le total des cubes de la colonne 10 et celui des produits de la colonne 12. On divise le dernier total par le premier et on obtient ainsi la distance moyenne du transport que l'on consigne dans la colonne 11.

Il convient d'ajouter un dernier paragraphe pour la récapitulation des divers modes de transport.

A titre de vérification, le total des cubes transportés doit être égal au plus grand des totaux des cubes de déblais et de remblais, qui figurent dans les colonnes 5 et 6 de la première partie du tableau.

TROISIÈME PARTIE

APPLICATION A UN EXEMPLE.

EXTRAIT DE L'AVANT-MÉTRÉ DES TERRASSEMENTS.

MOUVEMENT DES TERRES.

| Nos des PROFILS | CUBE des déblais pour chaque PROFIL | CUBE des remblais pour chaque PROFIL. | CUBES à employer dans le même PROFIL | EXCÈS DES CUBES | | CUBES CUMULÉS | |
| | | | | de DÉBLAIS | de REMBLAIS | Ordonnées POSITIVES | Ordonnées NÉGATIVES |
1	2	3	4	5	6	7	8
1	»	246^m	»	»	246^m	246^m	»
2	22	286	22	»	264	510	»
3	832	»	34	832	»	»	322
4	198	34	»	164	»	»	486
5	710	»	»	710	»	»	1 196
6	»	228	»	»	228	»	968
7	»	566	»	»	566	»	402
8	202	»	»	202	»	»	604
9	»	1 602	»	»	1 602	998	»
10	150	56	56	94	»	904	»
11	698	»	»	698	»	206	»
12	»	380	»	»	380	586	»
13	212	»	»	212	»	374	»
14	»	418	»	»	418	792	»
15	1 494	»	»	1 494	»	»	702
	$4 518^m$	$3 816^m$	112^m	$4 406^m$	$3 704^m$		

INDICATION DES SECTIONS	CUBES	DISTANCES MOYENNES	PRODUITS
9	10	11	12
§ 1. — TRANSPORT A LA BROUETTE.			
Entre les profils 0 et 3.	510^m	28^m	14 280
— 4 et 7.	337	52	17 524
— 7 et 9.	202	28	5 656
— 8 et 11.	792	47	37 224
— 11 et 13.	212	39	8 268
— 13 et 15.	418	32	13 376
Dépôt à une distance moyenne de 20^m :			
Entre les profils 2 et 3.	142		
— 14 et 15.	560	20	14 040
Totaux et moyennes. . . .	3 173^m	35^m	110 368
§ 2. — TRANSPORT AU TOMBEREAU.			
Entre les profils 2 et 9.	260^m	257^m	66 820
— 3 et 7.	457	125	57 125
— 8 et 15.	348	255	88 740
— 11 et 15.	168	156	26 208
Totaux et moyennes. . . .	1 233^m	194^m	238 893
§ 3. — RÉCAPITULATION.			
Transport à la brouette à la distance moyenne de 35^m.	3 173^m		
Transport au tombereau à la distance moyenne de 194^m.	1 233		
Total.	4 406^m		

EPURE DU MOUVEMENT DES TERRES

$$\text{ECHELLES} \begin{cases} \text{Abscisses .} \quad 0^m,00035 \text{ par mètre} \\ \text{Ordonnées . } 0^m,0000033 \text{ par mètre cube} \end{cases}$$

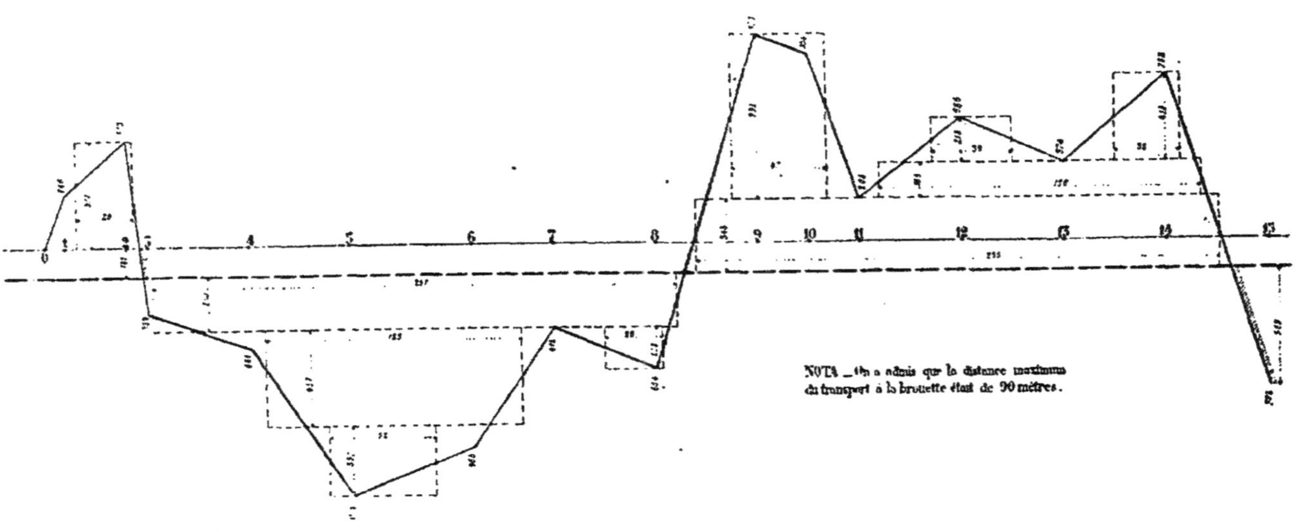

NOTA — On a admis que la distance maximum du transport à la brouette était de 90 mètres.

ANNEXES

ANNEXE A

CAS OU IL EST POSSIBLE DE ROMPRE LA LIGNE DE RÉPARTITION EN LA DISPOSANT EN GRADINS HORIZONTAUX

§ 1. — Théorie.

1. — Lorsque l'emplacement des lieux d'emprunt ou de dépôt est indifférent (1), il est avantageux, toutes les fois que cela est possible, de rompre la ligne de répartition en la composant de deux ou plusieurs lignes horizontales de compensation à des niveaux différents.

Soit rr une ligne unique de répartition déterminée de telle sorte que la somme des cordes des segments supérieurs soit égale à la somme des cordes des segments inférieurs.

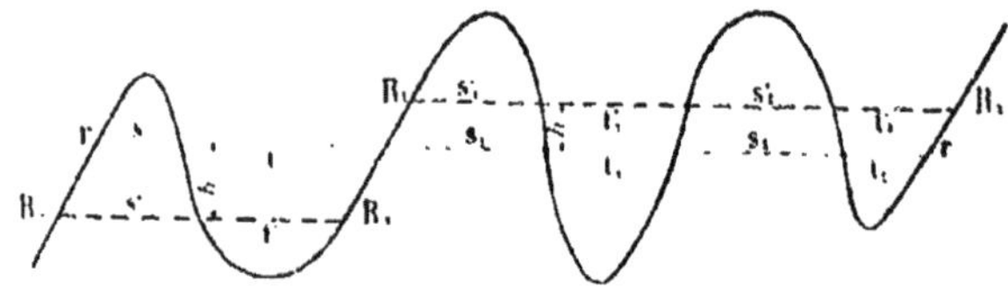

Fig. 16.

On peut diviser les six segments de la courbe en deux groupes, l'un de deux et l'autre de quatre segments, et tracer, pour chacun de ces groupes, une horizontale de répartition satisfaisant à la règle qui vient d'être rappelée. En ce qui concerne le 1ᵉʳ groupe, l'horizontale $R_1 R_1$ intercepte deux cordes égales ; à l'égard du 2ᵉ groupe, l'horizontale $R_2 R_2$ donne lieu à l'égalité entre les sommes des cordes des segments de sens contraire.

(1) C'est ce qui se produit notamment quand les chambres d'emprunt ou les massifs de dépôt peuvent se pratiquer, sur le bord de la voie projetée, dans les mêmes conditions sur toute la longueur du tracé.

Or, il est facile de reconnaître que les deux horizontales de répartition partielle $R_1 R_1$ et $R_2 R_2$ déterminent des segments dont la surface totale est moindre que celle des segments dus à la ligne de répartition unique rr.

Pour le 1ᵉʳ groupe de segments, la diminution de surface est égale à

$$\frac{i + i'}{2} \times h - \frac{s + s'}{2} \times h$$

ou
$$\frac{h}{2} (i - s + i' - s')$$

ou, comme $s' = i'$

$$\frac{h}{2} (i - s)$$

Cette valeur est toujours positive, par la raison que i est plus grand que s. Cela tient à cette circonstance que les cordes i et s sont respectivement au-dessus des cordes i' et s' : comme ces deux dernières cordes sont égales, il s'ensuit que les deux autres sont inégales. Et c'est la corde i qui nécessairement l'emporte sur la corde s.

Une démonstration analogue peut être faite pour le second groupe de segments. La diminution de surface est la suivante :

$$\frac{s_1 + s'_1}{2} \times h' - \frac{i_1 + i'_1}{2} \times h' + \frac{s_2 + s'_2}{2} \times h' - \frac{i_2 + i'_2}{2} \times h'$$

ou
$$\frac{h'}{2} (s_1 + s_2 - i_1 - i_2 + s'_1 + s'_2 - i'_1 - i'_2)$$

ou, comme $s'_1 + s'_2 = i'_1 + i'_2$

$$\frac{h'}{2} (s_1 + s_2 - i_1 - i_2)$$

Cette valeur est toujours positive, parce que les quatre cordes s_1 et s_2, i_1 et i_2, sont respectivement au-dessous des quatre cordes s'_1 et s'_2, i'_1 et i'_2 : comme il y a égalité entre la somme $s'_1 + s'_2$, d'une part, et la somme $i'_1 + i'_2$, d'autre part, il s'ensuit qu'une inégalité doit se produire entre la somme $s_1 + s_2$ correspondant à la première et la somme $i_1 + i_2$ correspondant à la seconde. Et c'est la somme $s_1 + s_2$ qui excède nécessairement la somme $i_1 + i_2$.

Ainsi, il y a diminution dans la surface totale des segments quand la ligne de répartition unique *rr* est remplacée par les deux horizontales de répartition partielle $R_1 R_1$ et $R_2 R_2$.

Mais la droite $R_2 R_2$ peut elle-même être l'objet d'une substitution analogue à celle qui a été opérée à l'égard de la ligne unique *rr*.

On peut diviser les quatre segments traversés par la droite $R_2 R_2$ en deux groupes pour chacun desquels on trace une horizontale de répartition partielle (fig. 17). C'est la droite $R_3 R_3$ pour le 1er groupe et la droite $R_4 R_4$ pour le second, ces deux lignes étant obtenues de manière à intercepter des cordes égales.

Les aires des segments déterminés par les deux horizontales $R_3 R_3$ et $R_4 R_4$ sont donc inférieures aux aires des segments détachés par l'horizontale $R_2 R_2$.

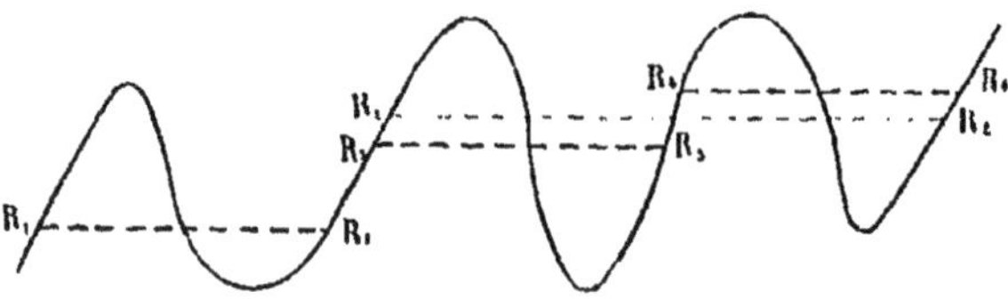

Fig. 17.

Finalement, à l'égard de la courbe envisagée, le minimum des aires se produit quand la ligne de répartition est formée par les trois horizontales de répartition partielle $R_1 R_1$, $R_3 R_3$ et $R_4 R_4$.

2. — De ce qui précède on conclut qu'on diminue l'aire totale des segments en remplaçant la droite unique de répartition par autant d'horizontales de répartition partielle qu'il est possible d'en tracer, à la condition que ces horizontales satisfassent toujours aux règles énoncées aux n°s 13 et 15 de la 1re partie. Les droites intermédiaires, c'est-à-dire celles qui sont comprises entre les deux parallèles passant par les extrémités, doivent déterminer l'égalité entre les sommes des cordes des segments contraires ; quant aux droites qui coïncident avec l'une ou l'autre de ces parallèles, elles doivent intercepter une somme de cordes plus grande dans les segments qui augmentent que dans ceux qui diminuent, lors d'un déplacement vers l'extrémité opposée de la courbe.

Si l'on qualifie d'*irréductibles* les horizontales de répartition qui ne sont pas susceptibles d'être remplacées par deux ou plusieurs droites de répartition partielle, on arrive ainsi à formuler la règle suivante :

La ligne de répartition, pour une courbe déterminée, doit se composer d'horizontales de répartition irréductibles.

Le nombre de ces horizontales est assurément très variable. Il peut se réduire à 1.

3. — Les horizontales de répartition partielle ne peuvent se succéder dans un ordre quelconque.

Si la courbe aboutit au-dessus de la ligne de terre (fig. 18), la ligne de répartition ne peut, par exemple, présenter une horizontale $r_2\,r'_2$ inférieure à l'horizontale $r_1\,r'_1$ qui la précède : sinon, on

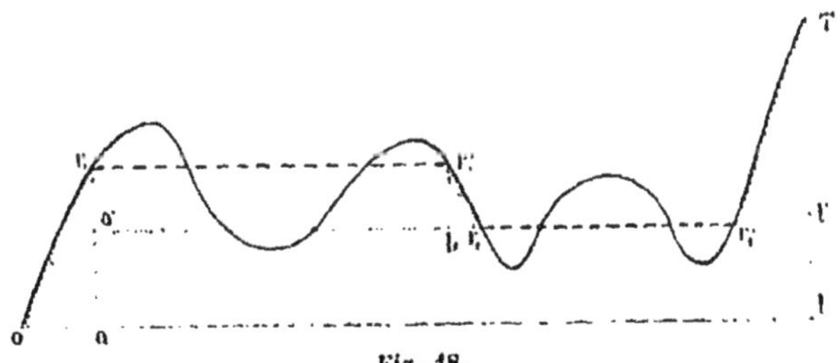

Fig. 18.

créerait un dépôt mesuré par la hauteur $r'_1\,b$ et on augmenterait les emprunts d'une quantité représentée par la hauteur égale $r_1\,a'$.

De même, si la courbe aboutit au-dessous de la ligne de terre (fig. 19), la ligne de répartition ne peut comporter, par exemple, une horizontale $r_2\,r'_2$ supérieure à l'horizontale $r_1\,r'_1$ qui la précède : sinon, il en résulterait la formation d'un emprunt mesuré par la hauteur $r_2\,b$, en même temps que les dépôts seraient augmentés d'une quantité représentée par la hauteur égale $r'_2\,c$.

Il s'ensuit que les horizontales de compensation doivent être disposées en gradins toujours ascendants, quand la courbe se termine au-dessus de la ligne de terre et en gradins descendants, quand elle se termine au-dessous.

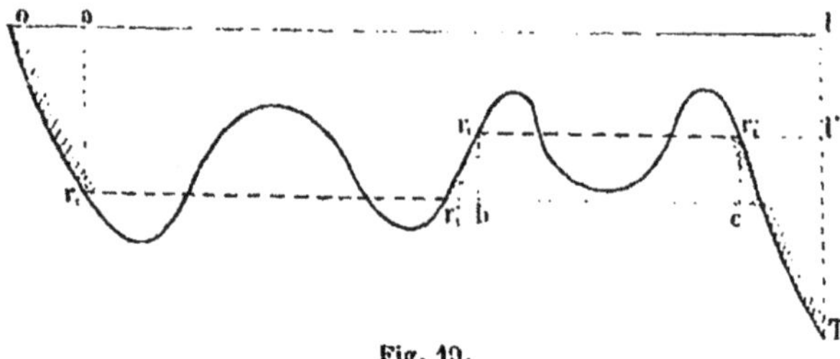

Fig. 19.

4. — Les horizontales de répartition partielle doivent, en outre, satisfaire à une condition qui va être indiquée.

La figure 20 fournit un exemple dans lequel les deux horizontales partielles r_1 r'_1 et r_2 r'_2 sont inadmissibles.

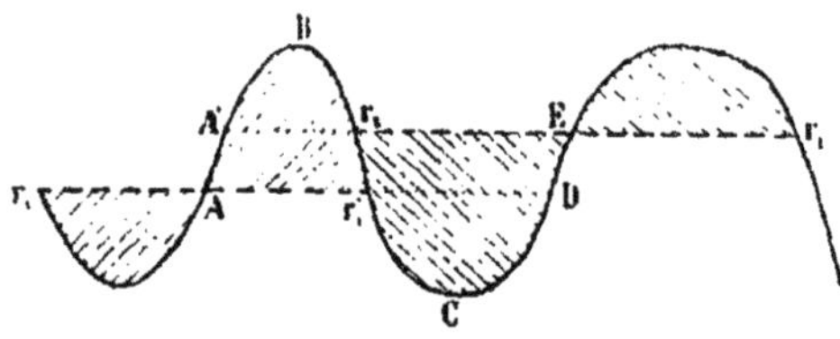

Fig. 20.

Ces droites comportent, en effet, un mouvement de terres impraticable. Si l'on envisage les 2e et 3e segments de la courbe, on reconnaît que le remblai BA peut être formé avec le déblai Br'₁, de même que le remblai CD peut être formé avec le déblai C r'₁. Mais il est manifeste qu'il ne reste pas de déblai pour constituer le remblai DE. Les horizontales de répartition r_1 r'_1 et r_2 r'_2 indiquent, en définitive, que la portion de déblai r_2 r'_1 doit être transportée deux fois, d'un côté en AA', de l'autre en DE, ce qui est de toute impossibilité.

Par conséquent, lorsque deux segments se trouvent en contact sur une certaine hauteur, de telle sorte qu'une portion de courbe soit commune à ces deux segments, l'épure de la répartition des terres conduit à un non-sens.

On en conclut que, pour aller en montant, les horizontales de répartition partielle doivent partir d'une branche de courbe ascendante, de même que, pour aller en descendant, elles doivent avoir leur origine sur une branche de courbe descendante.

5. — Il en résulte que lorsque les droites de répartition partielle sont disposées en gradins ascendants, les horizontales intermédiaires, c'est-à-dire celles qui sont situées entre les deux parallèles extrêmes, sont nécessairement comprises entre des branches ascendantes : elles doivent, par conséquent, traverser un nombre pair de segments.

La même observation peut être faite à l'égard des horizontales intermédiaires disposées en gradins descendants.

Les horizontales de répartition partielle qui coïncident avec l'une ou l'autre des parallèles passant par les extrémités de la courbe peuvent seules, suivant les cas, embrasser un nombre pair ou impair de segments.

6. — Les indications qui précèdent ne suffisent pas pour déterminer la ligne de répartition. Il peut se faire que la courbe se prête au tracé de plusieurs systèmes d'horizontales partielles irréductibles qui satisfassent aux conditions voulues. Il s'agit, dès lors, de savoir comment on peut trouver le système qui comporte la plus faible dépense.

On y arrive à l'aide d'une règle qu'il reste à établir.

Soit une courbe (fig. 21) qui se termine au-dessus de la ligne de terre et qui donne lieu à un système de droites de répartition disposées en gradins ascendants. La figure 21 ne représente que les premiers segments de la courbe. Ils sont traversés par trois horizontales irréductibles AB. CD, EF, qui forment les premiers échelons du système obtenu pour l'ensemble des segments de la courbe.

Si l'on peut mener une horizontale de répartition partielle, telle que MN, qui soit située au-dessous de la plus basse des droites du système, cette horizontale détachera des segments dont la surface sera inférieure à celle des segments correspondants déterminés par les droites du système.

En effet, l'horizontale MN, par cela même qu'elle réalise l'égalité entre les sommes des cordes des segments contraires, détache des segments dont la surface est moindre que celle des segments dus à la parallèle A*f*. Et ces derniers segments ont eux-mêmes une surface plus petite que celle des segments déterminés par l'horizontale AB et la portion d'horizontale C*g* du système, car ceux-ci, comparés à ceux-là, présentent en augmentation la portion de segment *cgfb* et en diminution la portion C*cb*B. Or, la parallèle A*f* intercepte une somme de cordes

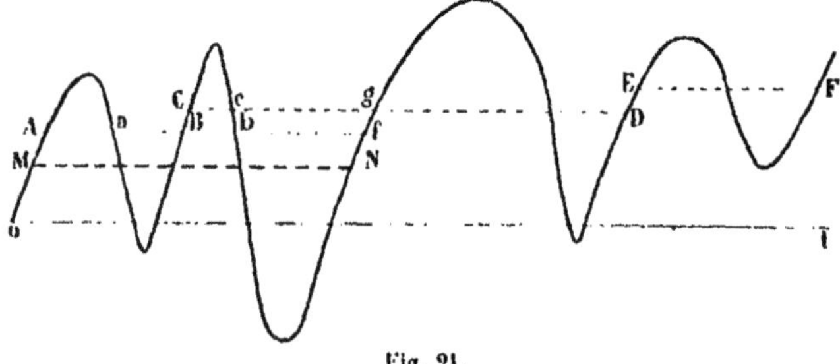

Fig. 21.

plus grande dans les segments inférieurs que dans les segments supérieurs : comme on a

$$A a = a B$$

il en résulte

$$bf > Bb$$

d'où il suit que la portion de segment *cgfb* l'emporte sur la portion C*cb*B.

Ainsi l'horizontale MN détache, dans les segments qu'elle traverse, des surfaces moindres que l'horizontale AB et la portion d'horizontale C*g* appartenant au système de droites irréductibles.

Il y a donc avantage à remplacer les lignes AB et C*g* par l'horizontale MN.

Cette substitution est d'ailleurs sans conséquence à l'égard du surplus des segments, puisque l'horizontale MN est au-dessous de ce qui reste des droites du système. Elle permet de tracer, pour le surplus des segments, la meilleure ligne de répartition qui puisse les traverser.

7. — On découvre de la sorte que la première horizontale, à partir de l'origine de la courbe considérée, doit être celle qui peut être tracée au niveau le plus bas.

Quand cette horizontale est obtenue, il reste à chercher le système le plus avantageux pour le surplus de la courbe. La question se représente dans les mêmes conditions que pour la courbe primitive. Il y a lieu, par conséquent, de déterminer l'horizontale la plus basse et ainsi de suite, jusqu'à ce qu'on atteigne l'extrémité libre de la courbe.

8. — Si, au lieu de partir de l'origine de la courbe, on commençait par l'extrémité supérieure, on trouverait d'une manière analogue que la première horizontale, à partir de cette extrémité, doit être celle qui peut être tracée au niveau le plus haut, et ainsi de suite jusqu'à ce qu'on atteigne l'origine de la courbe.

Il est à remarquer que cette manière de procéder conduirait à la même solution que la précédente. Il est indifférent de commencer par l'une ou l'autre des extrémités de la courbe.

9. — On vient d'envisager le cas d'une courbe qui se termine au-dessus de la ligne de terre. Si la courbe aboutissait en dessous, les horizontales devraient être tracées, ou bien le plus haut possible à partir de l'origine de la courbe, ou bien le plus bas possible à partir de l'extrémité libre de cette courbe.

10. — Dans la figure 21, la première horizontale MN occupe la position d'une horizontale intermédiaire de répartition. Mais il peut arriver que, pour être à un niveau aussi bas que possible, la première horizontale doive coïncider avec la ligne de terre : c'est

ce qui a lieu, dans la figure 22, où la portion A*a* de la droite ir-
réductible AB doit être remplacée par la portion OL de la ligne de
terre (1).

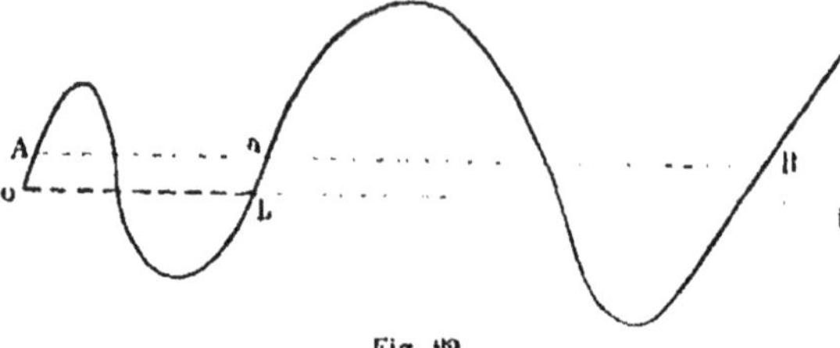

Fig. 22.

§ 2. — Règles pratiques.

11. — Lorsque l'emplacement des lieux d'emprunt ou de
dépôt est indifférent, il est avantageux, toutes les fois que cela est
possible, de composer la ligne de répartition d'horizontales situées
à des niveaux différents.

Ces horizontales, quelque soit leur nombre, doivent satisfaire
aux conditions suivantes :

a. — Aucune d'elles ne doit sortir des limites formées par les
deux parallèles passant par les extrémités du polygone. Par conséquent, l'horizontale la plus basse ne peut être au-dessous de la
parallèle menée par l'extrémité inférieure du polygone et l'horizontale la plus haute ne peut être au-dessus de la parallèle menée
par l'extrémité supérieure de ce polygone.

b. — Toutes les horizontales doivent être disposées en gradins
ascendants, quand le polygone se termine au-dessus de la ligne
de terre, et en gradins descendants, quand il se termine au-dessous.

c. — Les horizontales intermédiaires, c'est-à-dire celles qui ne

(1) Le surplus *a*B de la droite primitive AB doit alors disparaître, par
suite du tracé de la meilleure ligne de répartition à travers les segments
qui suivent les deux premiers.

se confondent pas avec l'une ou l'autre des parallèles extrêmes, doivent s'appliquer à un nombre pair de segments et elles doivent être tracées de manière à déterminer l'égalité entre les sommes des cordes des segments contraires.

Quant aux horizontales qui coïncident avec l'une ou l'autre des parallèles extrêmes, elles peuvent ne pas remplir cette condition d'égalité. Elles doivent alors intercepter une somme de cordes plus grande dans les segments qui augmentent que dans les segments qui diminuent, lors d'un déplacement vers l'autre extrémité du polygone.

d. — Toutes les horizontales doivent être *irréductibles*, c'est-à-dire non susceptibles d'être remplacées par deux ou plusieurs droites qui embrassent les mêmes segments, tout en satisfaisant aux conditions précédentes.

e. — Enfin les horizontales de répartition partielle doivent occuper le niveau le plus bas possible, quand on les trace à partir de l'extrémité inférieure du polygone, ou bien le niveau le plus haut possible, quand on les mène à partir de l'extrémité supérieure du polygone. Si donc ces horizontales sont tracées à partir de l'origine du polygone, elles doivent être aussi bas que possible, quand ce polygone se termine au-dessus de la ligne de terre, et aussi haut que possible, dans le cas contraire.

ANNEXE B.

CAS OU LES LIEUX D'EMPRUNT OU DE DÉPOT DOIVENT OCCUPER UN EMPLACEMENT DÉTERMINÉ

§ 1. — Théorie.

1. — On ne s'occupera ci-après que des emprunts. Les dépôts sont soumis aux mêmes règles.

Les points d'arrivée des déblais d'emprunts sur la voie projetée seront indiqués, dans les figures, par les profils passant par ces points.

Il est nécessaire que l'épure du mouvement des terres comprenne les transports des déblais d'emprunt sur la voie projetée, depuis les profils dont il vient d'être question jusqu'aux lieux d'emploi. Quant aux transports des déblais d'emprunt entre les centres de gravité des lieux d'extraction et les profils d'arrivée sur la voie, ils ne peuvent qu'être laissés à l'écart, ainsi qu'on la fait précédemment. Il suffit de les ajouter aux transports révélés par l'épure pour obtenir les transports totaux dont les déblais d'emprunt doivent être l'objet.

1° Cas d'un lieu d'emprunt unique.

a) *Le profil passant par le point d'arrivée des déblais d'emprunt rencontre la courbe de Bruckner en un point situé entre les deux horizontales passant par les extrémités de cette courbe.*

2. — Soit EE_1 le profil correspondant au point d'arrivée des déblais d'emprunt sur la voie. Du moment que ces déblais, destinés à former les remblais en excès, proviennent de ce profil, les choses doivent se passer comme si la droite EE_1 jouait le rôle d'une portion de ligne en déblai. La courbe peut donc être divisée en deux parties, séparées par la ligne EE, et complétées chacune par l'adjonction de cette ligne.

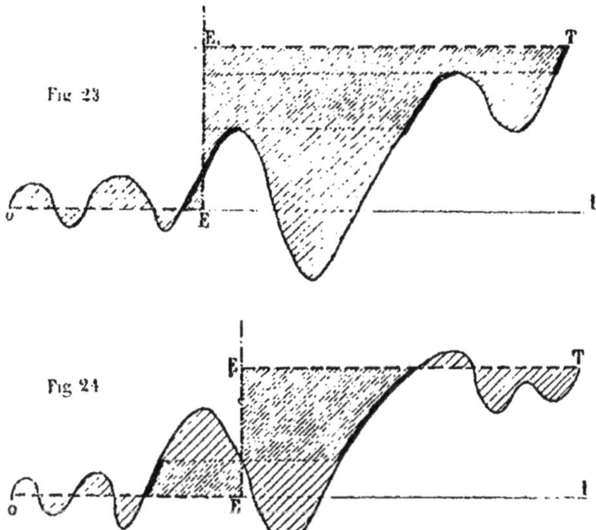

Fig. 23

Fig. 24

Il est facile de reconnaître que la ligne de répartition ne peut se composer que des deux horizontales OE et E_1 T passant par les extrémités de la courbe et situées de part et d'autre du profil EE_1.

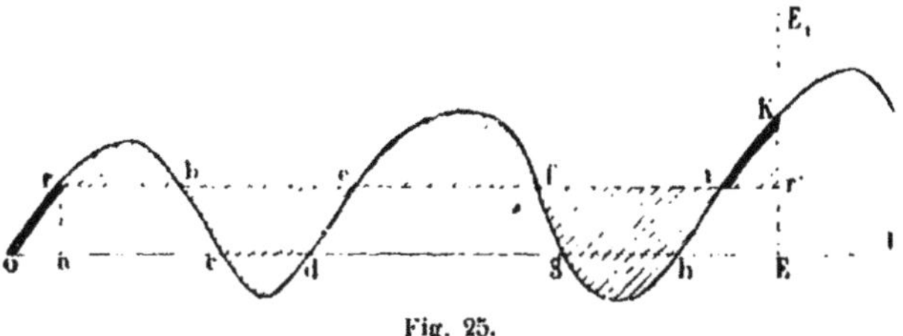

Fig. 25.

Si, en effet, on envisage, par exemple, la partie de courbe à gauche de ce profil (fig. 25), on ne saurait songer à tracer une horizontale au-dessous de la ligne de terre, puisque cette horizontale créerait à la fois un dépôt et un emprunt supplémentaires et, par conséquent, engendrerait un accroissement de la masse des terrassements.

On ne peut non plus adopter une horizontale *rr'* menée au-dessus de la ligne de terre, quand même cette horizontale déterminerait des segments de surface moindre. Sans doute, le cube des emprunts, mesuré par les hauteurs *ra* et K*r'*, serait le même que dans le cas où la ligne de terre forme l'horizontale de répartition, mais le moment total de transport serait plus considérable.

Ce moment total serait, en effet, égal à la somme de la surface des segments déterminés par l'horizontale *rr'* et de la surface du trapèze *r*OE*r'*. Or, cette somme est supérieure à l'aire des segments détachés par la ligne de terre des deux tronçons de segments *bcde* et *fghi* (1).

Des considérations semblables permettraient d'établir, pour la partie de courbe à droite du profil EE, (fig. 23 et 24), que l'horizontale passant par l'extrémité libre de la courbe est seule susceptible de constituer l'horizontale de répartition.

La ligne de répartition ainsi obtenue détermine des segments qui s'appliquent indistinctement aux transports des déblais de la voie et aux transports des déblais d'emprunt depuis leur point d'arrivée sur la voie jusqu'aux lieux d'emploi. Il est aisé, à vue de l'épure, de séparer les segments ou portions de segments qui concernent ces derniers transports ; ils sont figurés par une double hachure. On détache en même temps les segments relatifs aux transports des déblais de la voie ; ils sont représentés par une simple hachure.

---

(1) Il est à remarquer que le trapèze *r*oE*r'* recouvre en partie les segments détachés par l'horizontale *rr'*. A ce sujet, M. Strohl, ingénieur en chef des Ponts et Chaussées, a formulé la règle générale que voici :

« Les surfaces représentatives des moments de transport des emprunts ne peuvent venir recouvrir celles qui représentent les moments de transport des déblais de la voie employés en remblai ». (*Annales des Ponts et Chaussées*, 1884, 1er semestre, page 166).

b) *Le profil passant par le point d'arrivée des déblais d'emprunt rencontre la courbe de Bruckner en un point situé en dehors des deux horizontales passant par les extrémités de cette courbe.*

3. — La ligne de répartition se trace comme précédemment. Elle est composée des deux horizontales OE et E_t T menées par extrémités de la courbe et situées de part et d'autre du profil E E_t.

On remarque que le segment ABC se trouve divisé en deux

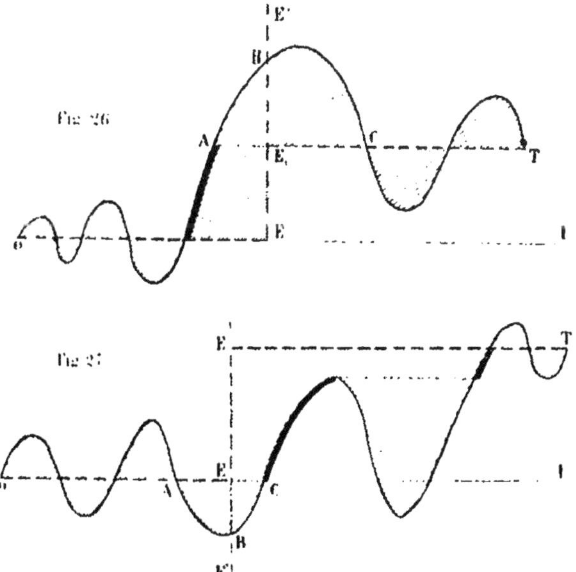

portions séparées par la ligne EE' et correspondant aux deux horizontales de répartition. Ces deux portions se réunissent quand on distingue les segments ou portions de segments qui concernent les transports des déblais d'emprunt, de ceux qui concernent les transports des déblais de la voie.

2° Cas de deux lieux d'emprunt.

4. — Soit EE_1 et FF_1 (voir les figures ci-après) les profils correspondant aux deux points d'arrivée des déblais d'emprunt sur la voie.

Si l'on considère la portion de courbe située entre l'origine O de la courbe et le premier profil EE_1, elle donne lieu, pour les raisons exposées dans le cas précédent, à une droite de répartition partielle OE menée par l'origine O jusqu'à la rencontre du profil EE_1. Pareillement la portion de courbe située entre le 2° profil FF_1 et l'extrémité T de la courbe comporte une droite de répartition partielle F_1T passant par l'extrémité T et comprise entre le profil FF_1 et cette extrémité.

Il reste à rechercher quelle est la ligne de répartition applicable à la portion de courbe située entre les deux profils EE_1 et FF_1.

On remarque que cette ligne ne peut être ni inférieure à la plus basse, ni supérieure à la plus haute des deux horizontales passant par les extrémités de la courbe. Si non, elle engendrerait un accroissement de la masse des terrassements.

Il s'ensuit qu'elle doit coïncider avec l'une ou l'autre des horizontales extrêmes, ou bien consister en une parallèle comprise entre ces deux lignes, ou bien enfin se composer de deux ou plusieurs parallèles disposées à des niveaux différents entre les deux mêmes lignes.

On supposera d'abord que la ligne de répartition est constituée par une droite unique.

Puisque les déblais destinés à former les remblais en excès proviennent des profils EE_1 et FF_1, les choses doivent se passer comme si ces profils remplissaient l'office de portions de ligne en déblai. Il y a donc lieu d'adjoindre les deux lignes EE_1 et FF_1 à la courbe intermédiaire et de tracer, à travers cette courbe ainsi complétée, la droite de répartition qui détermine des segments de surface minimum (1).

(1) On admet que les frais d'emprunt jusqu'au profil d'arrivée sur la

Cette droite doit, dès lors, intercepter, dans les segments contraires, des sommes de cordes qui, si elles ne peuvent être égales, doivent présenter le plus petit écart possible.

Elle coïncide avec la ligne de terre (fig. 28), quand la somme des

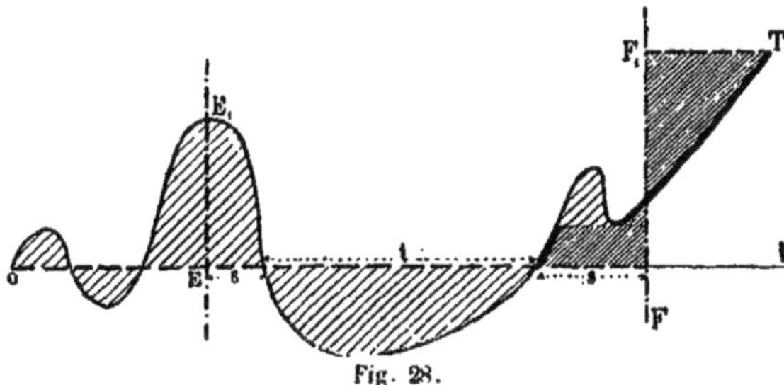

Fig. 28.

cordes des segments supérieurs, sur cette ligne, est plus petite que la somme des segments inférieurs, c'est-à-dire quand on a

$$\Sigma s < \Sigma i$$

On ne saurait songer, en effet, à déplacer la ligne vers le haut, par la raison que l'augmentation de la surface du segment infé-

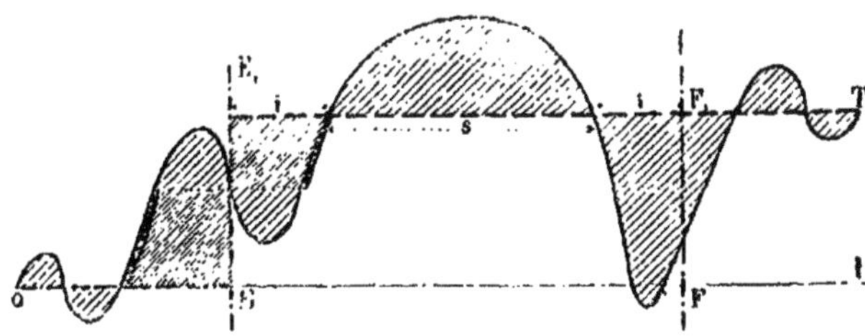

Fig. 29.

voie sont les mêmes pour les deux lieux d'extraction. S'il n'en était pas ainsi, il serait aisé de modifier la courbe à travers laquelle l'horizontale de répartition doit être tracée. Il suffirait de remplacer chacun des profils EE_1 et FF_1 par une parallèle menée à la distance représentative des frais d'emprunt correspondants. On pourrait même se borner à calculer la différence entre les distances représentatives pour les deux lieux d'emprunt et à mener une seule parallèle au profil du lieu le plus coûteux, mais à une distance égale à la différence qui vient d'être indiquée.

rieur l'emporterait sur la diminution de la surface des segments supérieurs.

La droite de répartition se confond avec l'horizontale menée par l'extrémité libre de la courbe (fig. 29), quand la somme des cordes des segments supérieurs, sur cette ligne, est plus grande que la somme des segments inférieurs, c'est-à-dire quand on a

$$\Sigma s > \Sigma i$$

Fig. 30

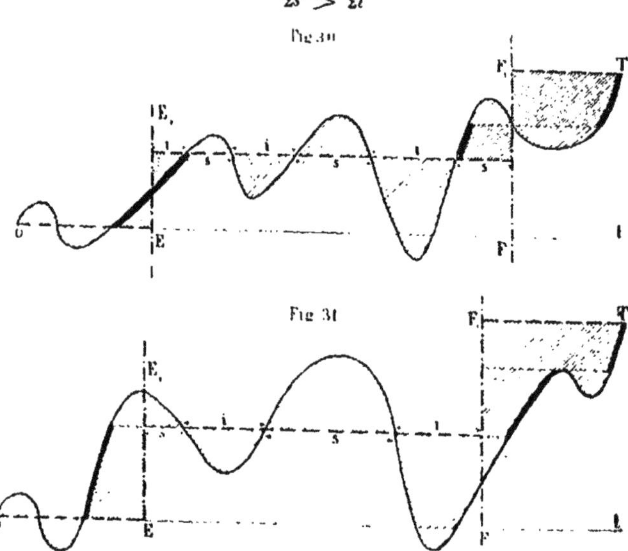

Fig. 31

On reconnaît aisément que si l'on venait à déplacer la ligne vers le bas, l'augmentation de la surface du segment supérieur excéderait la diminution de surface des segments inférieurs.

Enfin la droite de répartition est située entre les deux horizontales extrêmes lorsque, sur chacune de ces lignes, la somme des cordes interceptées est plus petite pour les segments qui augmentent que pour les segments qui diminuent, lors du déplacement de chaque ligne vers la ligne opposée.

Quant à la position de la droite de répartition (fig. 80 et 31), elle doit être telle que la somme des cordes des segments supérieurs

soit égale à la somme des cordes des segments inférieurs, c'est-
à-dire telle que l'on vérifie l'égalité

$$\Sigma s = \Sigma i$$

5. — On vient de voir comment la ligne de répartition partielle,
pour la portion de courbe intermédiaire, doit être tracée quand
cette ligne est formée par une droite. Il s'agit de savoir si cette ligne peut être composée de deux ou plusieurs horizontales disposées à des niveaux différents.

Cette solution est impossible.

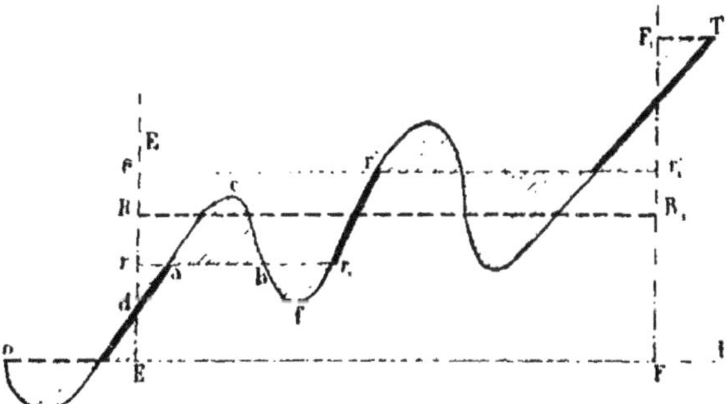

Fig. 32.

On peut vérifier, en effet, que la droite obtenue à l'aide des règles précédentes ne saurait être remplacée par deux ou plusieurs
horizontales qui détacheraient des segments de surface moindre.

Soit, par exemple, une droite RR_1 qui détermine l'égalité entre les sommes des cordes des segments contraires. Les deux horizontales partielles rr_1 et $r'r'_1$, qui satisfont à la même condition d'égalité, détachent des segments dont la surface totale est
plus petite, mais elles font apparaître, suivant r_1r', des remblais
qui doivent être formés avec des déblais d'emprunt.

Si ces remblais sont plus voisins du profil EE, que du profil
FF_1, il y a donc lieu d'ajouter aux surfaces des segments celle du
trapèze $r_1r'er$.

Or, l'aire totale ainsi obtenue excède celle des segments détachés par la ligne RR_1.

On peut s'en rendre compte ainsi qu'il suit :

L'aire totale due aux deux horizontales rr_1 et $r'r'_1$ se compose :

1° De la surface du trapèze $r_1r'er$;

2° De celle des trois segments qui ont pour base la droite rr_1;

3° De celle des trois segments qui ont pour base la droite $r'r'_1$.

Mais l'ensemble des deux premières surfaces est égal à la surface du segment $edcfr'$ augmentée de deux fois la surface du segment acb.

Il s'ensuit que l'aire totale dont il est question est supérieure à la somme de la surface du segment $edcfr'$ et de celle des trois segments qui ont pour base la droite $r'r'_1$.

Or, cette dernière somme représente la surface des segments détachés par la ligne er'_1. Et comme cette surface est plus grande que celle des segments déterminés par la ligne RR_1, il en résulte finalement que l'aire totale due aux horizontales rr_1 et $r'r'_1$ excède celle des segments détachés par cette dernière ligne RR_1 (1).

Cette démonstration a été appliquée au cas où la droite intermédiaire de répartition est comprise entre les deux horizontales passant par les extrémités de la courbe. Il est facile de reconnaître qu'une démonstration analogue pourrait être faite dans le cas où la droite de répartition intermédiaire coïncide avec l'une ou l'autre des horizontales extrêmes.

3° Cas de plusieurs lieux d'emprunt.

6. — Dans ce cas, la ligne de répartition comprend, à ses deux extrémités, d'une part, la fraction de la ligne de terre située à gauche du premier profil et, d'autre part, à droite du dernier profil, l'horizontale menée par l'extrémité libre de la courbe.

On trace, entre les profils successifs, des droites de répartition

(1) On trouve, dans ce cas, une nouvelle vérification de la règle énoncée par M. Strohl et citée dans une note précédente.

partielle, d'après les règles indiquées ci-dessus. Si toutes les droites ainsi obtenues sont contenues entre les horizontales passant par les extrémités de la courbe et si elles sont disposées en gradins ascendants, elles constituent les droites cherchées.

Dans le cas contraire, elles ne peuvent être admises, par la raison qu'elles entraîneraient l'accroissement de la masse des terrassements. Il faut alors combiner les sections, en poussant la réunion, aussi loin que le besoin s'en fait sentir, jusqu'à ce que les droites partielles, comprenant chacune un nombre plus ou moins grand de sections, aillent en montant depuis l'origine de la courbe jusqu'à son extrémité libre (1).

7. — Il peut arriver qu'en procédant de la sorte, on trouve plusieurs combinaisons qui constituent autant de solutions admissibles. Il s'agit alors de savoir quelle est celle qui comporte la plus faible dépense.

Par des considérations analogues à celles qui ont été développées au n° 6 de l'annexe A, on découvre que les droites partielles doivent être à un niveau aussi bas que possible (2).

8. — *De l'application des procédés qui précèdent.* — Ces procédés ne s'appliquent pas seulement au cas où, par suite de circonstances particulières, l'emplacement des lieux d'emprunt ou de dépôt est obligatoirement fixé à l'avance.

Ils trouvent aussi leur application quand les déblais d'emprunt ne peuvent pas être extraits au droit des profils où ils doivent être employés et, pareillement, quand les déblais à mettre en dépôt ne peuvent être portés au droit des profils d'où ils proviennent.

Dans ce cas, la ligne de répartition, déterminée soit d'après les règles du texte, soit d'après celles de l'annexe A, fait connaître, pour chaque cube de remblai ou de déblai en excès, la position

---

(1) S'il s'agissait de dépôts, et si, par conséquent, la courbe aboutissait au-dessous de la ligne de terre, les droites partielles, à partir de l'origine de la courbe, devraient être disposées en gradins descendants.

(2) S'il s'agissait de dépôts, les droites partielles devraient être à un niveau aussi haut que possible.

la plus avantageuse du point d'arrivée des emprunts ou du point de sortie des dépôts. Cette position est celle qui correspond au centre de gravité du cube de remblai ou de déblai en excès. Il peut se faire qu'il soit possible d'assigner cette position aux points d'arrivée ou de sortie, mais il arrive le plus souvent que l'emplacement susceptible d'être choisi pour chaque lieu d'emprunt ou de dépôt comporte un point d'arrivée ou de sortie plus ou moins éloigné. Quoiqu'il en soit, dès qu'on a fixé la position des profils d'arrivée ou de sortie, on se trouve dans les conditions qui viennent d'être examinées, et c'est dès lors par les procédés sus-indiqués que la ligne de répartition doit être définitivement obtenue.

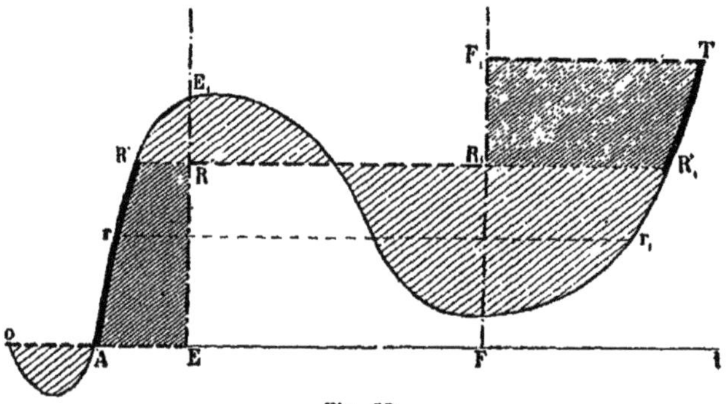

Fig. 83.

Soit, par exemple, une courbe à travers laquelle on a tracé l'horizontale rr_1, suivant les règles du texte. Les remblais à exécuter par voie d'emprunts sont représentés par les portions de courbe Ar et r_1T. Si les lieux d'emprunts les plus voisins comportent des points d'arrivée en E et en F, il y a lieu de mener les profils EE_1 et FF_1 passant par ces points et de résoudre la question ainsi qu'il vient d'être indiqué. Les horizontales de la ligne de répartition définitive sont OE, RR_1 et F_1T, et les remblais à emprunter sont figurés par les portions de courbe AR' et R'_1T.

§ **2**. — **Règles pratiques**.

9. — Lorsque les lieux d'emprunt ou de dépôt doivent occuper un emplacement déterminé, l'épure fournit le mouvement des terres, pour les remblais à tirer d'emprunts, à partir du point d'arrivée sur la voie, et, pour les déblais à mettre en dépôt, jusqu'au point de sortie hors de cette voie.

Quant aux transports entre les centres de gravité des chambres d'emprunt ou des massifs de dépôt et les points d'arrivée ou de sortie, ils sont laissés à l'écart. Il suffit de les ajouter aux transports révélés par l'épure pour obtenir les transports totaux dont les emprunts ou les dépôts doivent être l'objet.

Les profils passant par les points d'arrivée des déblais d'emprunt ou par les points de sortie des déblais à mettre en dépôt seront ci-après désignés sous le nom de *profils des lieux d'emprunt ou de dépôt*.

1° Cas d'un lieu unique d'emprunt ou de dépôt.

10. — La ligne de répartition se compose des deux horizontales passant par les extrémités du polygone, chacune d'elles étant limitée à la partie comprise entre l'extrémité et le profil du lieu d'emprunt ou de dépôt.

2° Cas de deux lieux d'emprunt ou de dépôt.

11. — La ligne de répartition se compose de trois horizontales. La première et la dernière passent par les extrémités du polygone et chacune d'elles est limitée à la partie située entre l'extrémité et le plus voisin des profils des lieux d'emprunt ou de dépôt.

Quant à l'horizontale intermédiaire, elle est comprise entre les deux profils et limitée à chacun d'eux. Elle ne peut être ni inférieure à la plus basse, ni supérieure à la plus haute des parallèles passant par les extrémités du polygone. Il en résulte qu'elle doit coïncider avec l'une ou l'autre de ces parallèles, ou bien se trouver dans l'intervalle qui les sépare.

12. — L'horizontale intermédiaire se confond avec la plus basse des parallèles extrèmes, quand la somme des cordes interceptées est plus petite pour les segments supérieurs que pour les segments inférieurs, c'est-à-dire quand on a :

$$\Sigma s < \Sigma i$$

Elle coïncide avec la plus haute des parallèles extrèmes, quand la somme des cordes interceptées est plus grande pour les segments supérieurs que pour les segments inférieurs, c'est-à-dire quand on a :

$$\Sigma s > \Sigma i$$

Enfin elle est comprise entre les deux parallèles, quand ni l'une ni l'autre des conditions qui viennent d'être indiquées n'est remplie. Quant à la position de l'horizontale intermédiaire, elle doit être telle que la somme des cordes des segments supérieurs soit égale à la somme des cordes des segments inférieurs, auquel cas on a :

$$\Sigma s = \Sigma i$$

Pour la vérification de ces conditions, il importe de considérer les profils des lieux d'emprunt ou de dépôt comme constituant des portions de polygone en déblai ou en remblai, suivant qu'il s'agit d'emprunts ou de dépôts et d'admettre que ces profils complètent le polygone de Bruckner (1).

3° Cas de plusieurs lieux d'emprunt ou de dépôt.

13. — La ligne de répartition comprend toujours deux horizontales, la première et la dernière, qui passent par les extré-

---

(1) Ces règles sont indiquées dans l'hypothèse ou les frais d'emprunt ou de dépôt au dehors de la voie, c'est-à-dire les frais que l'épure du mouvement des terres laisse à l'écart, sont les mêmes pour les deux lieux d'emprunt ou de dépôt.

Dans le cas où il n'en serait pas ainsi, voir la note du n° 4.

mités du polygone, chacune d'elles étant limitée à la portion située entre l'extrémité et le plus voisin des profils des lieux d'emprunt ou de dépôt.

Dans chaque section comprise entre deux profils successifs, on trace une horizontale d'après les règles qui viennent d'être indiquées, au cas précédent, pour l'horizontale intermédiaire. Mais les horizontales ainsi obtenues doivent satisfaire à une condition particulière : elles doivent être disposées en gradins ascendants, quand le polygone se termine au-dessus de la ligne de terre, et en gradins descendants, quand il se termine au-dessous.

S'il ne peut en être ainsi, il y a lieu de combiner les sections, en poussant la réunion aussi loin que le besoin s'en fait sentir, jusqu'à ce que la condition précédente soit remplie.

Cette réunion doit s'effectuer de telle sorte que les horizontales partielles soient aussi bas que possible, quand le polygone aboutit au-dessus de la ligne de terre, et aussi haut que possible, dans le cas contraire.

14. — *Observations sur l'application des règles qui précèdent.* — Ces règles s'appliquent d'abord au cas où, par suite de circonstances particulières, l'emplacement des lieux d'emprunt ou de dépôt est obligatoirement fixé à l'avance.

Elles trouvent aussi leur application quand les déblais d'emprunt ne peuvent pas être extraits au droit des profils où ils doivent être employés et, pareillement, quand les déblais à mettre en dépôt ne peuvent être portés au droit des profils d'où ils proviennent.

Dans ce cas, on trace provisoirement la ligne de répartition, soit d'après les règles du texte, soit d'après celles de l'annexe A. On recherche les lieux d'emprunt ou de dépôt les plus voisins des cubes de remblai ou de déblai en excès que cette ligne de répartition a fait apparaître. On fixe les points d'arrivée des déblais à tirer des lieux d'emprunt ou les points de sortie des déblais à porter sur les lieux de dépôt. On mène les profils passant par ces points d'arrivée ou de sortie, et on applique ensuite les règles précédentes pour obtenir la ligne de répartition définitive des terrassements.

TABLE DES MATIÈRES

ANNEXES

Imp. G. Saint-Aubin et Thevenot, Saint-Dizier (Haute-Marne) 39, passage Verdeau, Paris.

9 782013 564588